KB196329

옐로우 큐의 살아있는 박물관 시리즈

# 경제 박물관

**| 초등 사회 교과연계도서 |**

**4학년 2학기** 1. 촌락과 도시의 생활 모습

**4학년 2학기** 2. 필요한 것의 생산과 교환

**5학년 1학기** 1. 인권 존중과 정의로운 사회

**6학년 1학기** 3. 우리나라의 경제 발전

**| 일러두기 |**

본문에서 책 제목은『 』, 신문 제목은《 》, 강조 단어는 ‘ ’로 구분해 사용했어요.

엘로우 큐의 살아있는 박물관 시리즈

# 경제 박물관

양시명 글 | 이경석 그림

안녕로빈

## 어린이 편집위원들의 책 추천 한마디

구두쇠 스크루지가 어떻게 변할까? '모두 함께 행복한 경제'란 무엇인지 생각해 볼 수 있었다. 책을 읽으며 자신의 미래를 생각하고 꿈을 설계해 보았으면 좋겠다.
서울봉화초등학교 4학년 **민세연**

위기에 부딪쳐도 포기하지 않고 어려운 일을 성공으로 이끈 아이들과 스크루지의 용기가 멋지다. 어려운 일을 성공으로 이끈 것을 보면 아이들에게도, 스크루지에게도 이미 훌륭한 사업가의 기질이 있는 것 같다. 서울광남초등학교 4학년 **조여원**

어려운 사람들에게 베푸는 이웃, 배려하는 이웃이 되어야겠다. 그래야 내가 어려울 때도 도움을 받을 수 있다. 그래야 모두 편하고 행복하게 살 수 있다. 친구들에게 강력 추천한다. 친구들도 깨달음을 얻었으면 좋겠다. 서울광남초등학교 4학년 **이연우**

우리 또래의 친구들이 경제에 대해 알기 쉽도록 내용이 잘 정리되었다. 서울동자초등학교 4학년 **박형익**

구두쇠 스크루지와 아이들이 펼쳐 가는 이야기가 흥미롭고 '모두 함께 행복한 경제'라는 주제도 신선했습니다. 이 책을 읽고 나서 『크리스마스 캐럴』의 배경이 되는 1800년대의 영국 사회에 대해 많은 것들을 알게 되었습니다. 서울동자초등학교 4학년 **최현서**

돈을 빌리고 갚지 않는 송이를 이해할 수 없었고, 사람들에게 구두쇠라고 손가락질 당하는 스크루지가 나쁘다고만 생각했다. 그런데 이야기를 읽다 보니 송이의 마음을 이해할 수 있게 되었다. 구두쇠 스크루지가 원래는 평범한 사람이었다는 것도 신기했다.
서울상현초등학교 5학년 **김현우**

나는 돈 버는 일에 관심이 많다. 어른이 되어서 돈을 많이 벌고 싶다. 회사를 만들어서 직원들과 함께 돈을 벌고, 직원들과 나누고, 사회에 좋은 일도 함께 할 것이다.
서울상현초등학교 5학년 **임시준**

## 옐로우 큐와 체험 친구들

**옐로우 큐** 어린이 여러분, 옐로우 큐의 '살아있는 경제 박물관'에 온 걸 환영합니다. 나로 말할 것 같으면 젊은 날은 음……, 말하기 곤란하지만 여러분도 잘 아는 유명한 회사의 'CEO'였답니다. 돈과 경제에 대해 여러분에게 해 줄 말이 아주 많답니다. 자, 함께 가 볼까요.

**한이루** 친구에게 돈을 빌려줬다가 떼이게 생겼어. 우와 계속 며칠만, 며칠만 하는데 더 이상 못 참겠다고. 매사에 철저한 내가 이런 일을 당하다니! 전학 와서 새로 사귄 장오가 부탁해서 어쩔 수 없이 빌려준 건데. 후우……, 난 언제쯤 돈을 돌려받을 수 있을까?

**금송이** 우린 식구가 많아서 새 아파트를 쉽게 분양받을 수 있었대. 아싸! 그런데 갑자기 아빠가 일자리를 잃어서 대출금 갚는 게 막막해졌대. 용돈 달라는 말이 입에서 떨어지지 않아. 친구 돈을 갚아야 하는데 어쩌지?

**오현서** 세상에는 불합리한 일이 너무 많아. 어른들은 참 이상하지 않니? 나쁜 줄 알면 싸워서라도 바로잡아야 하잖아. 차라리 내가 나서서 세상을 바꾸는 게 더 빠르겠어.

**박장오** 나더러 스크루지의 숙제를 도우라고? 난 그럴 마음 일도 없어. 내 숙제도 하기 싫은데 구두쇠 할아버지의 숙제를 왜 도와야 하냐고? 아! 싫다, 싫어. 숙제하기 싫다.

**스크루지** 내가 죽었는데, 사람들은 슬퍼하기는커녕 내 욕을 해 댔지. 죽어서 싸들고 가지도 못할 돈을 지키느라 인생의 즐거움을 모른다며 어리석다고 비웃었지. 내 인생, 언제부터 잘못된 걸까?

**말리 유령** 돈과 경제에 관심이 있는 어린이를 찾던 중이었어. 송이와 친구들이라면 스크루지를 도울 수 있을 것 같아. 어떻게 돕냐고? 나도 궁금해. 너무 궁금해.

# 차 례

1

# 드론 살 돈을 빌려주다

송이는 동생 입안으로 떡볶이가 쏙쏙 들어가는 걸 보면서 엄마 미소를 지었다. 냠냠, 쩝쩝. 동생의 입가가 떡볶이 양념으로 빨갰다. 매워서 하아, 거리면서도 동생은 손에 든 포크를 놓을 줄 몰랐다.

"맵다면서 입으로 자꾸 들어가네, 하하하."

송이는 동생의 입가에 묻은 양념과 콧물을 닦아 주었다.

"매운데 맛있어. 하아, 누나도 먹어."

"동생님이나 많이 먹고 쑥쑥 크세요."

"누나, 그럼 나 어묵 하나 더 먹어도 돼?"

"으음, 그건 좀 곤란한데."

송이가 난처한 얼굴을 했다.

"많이 먹고 쑥쑥 크라며?"

"그래도 오늘은 여기까지만 크는 걸로."

좀 더 사 주고 싶었지만 어쩔 수 없었다. 용돈 받을 날이 아직 멀어서, 조금이라도 남겨 둬야 했다.

떡볶이 값을 치르려고 계산대 앞에 섰을 때였다. 별안간 송이의 얼굴이 하얘졌다. 잠바 주머니에 넣어 둔 돈이 사라진 것이다. 주머니 여기저기, 가방까지 뒤져 봤지만 어디에도 없었다. 돈도 없이 음식을 먹은 거냐고, 주인아저씨가 금방이라도 화낼 것 같아서 심장이 쿵쾅거렸다.

'대체, 어디로 간 거야? 발이 달려서 도망간 것도 아닐 테고…….'

이러지도 저러지도 못하고 있는데, 같은 반 장오와 전학생 이루가 분식집 앞을 지나가는 게 보였다. 송이는 장오에게 도와 달라고 하려다가 머뭇거렸다. 장오는 친한 사이라서 괜찮지만, 이루가 보는 앞에서 돈을 빌리려니 창피했다.

때마침, 송이를 본 장오가 장난을 걸어 왔다.

"금송이, 떡볶이 한턱 쏴라!"

"미안해, 장오야. 나 아무래도 돈을 잃어버렸나 봐. 만 원만

자꾸와 분식
만두
튀김
닭꼬치
떡볶이
난 없는데…
이루야, 넌?

빌려줘라. 떡볶이는 다음에 살게."

"어쩌지, 나도 지금은 돈이 없는데……."

장오는 미안한 듯 머리를 긁적였다. 그러다 옆에 있는 이루를 보았다.

"이루야, 너 돈 있다고 했지? 네가 좀 빌려줘라, 응?"

"그, 그건 드론 사려고 모은 건데."

이루는 거절하고 싶었다. 하지만 장오는 전학 와서 새로 사귄 친구라서 무턱대고 싫다고 하기 어려웠다.

잠시 머뭇거리던 이루가 송이에게 돈을 빌려줬고, 송이는 동생과 함께 무사히 분식집을 나왔다.

"엄마한테 말해서 내일 바로 갚을게."

송이가 이루에게 고마워하며 살짝 웃었다.

"약속 지켜라."

장오가 이루 대신 다짐을 받았다.

"그거야 당연하지."

다음 날, 송이는 교문 앞에서 이루와 마주쳤다.

"이루야, 어제 빌린 돈 말인데……, 다음 주에 줄게. 어제 엄마한테 얘길 못 해서……."

송이가 미안해하며 이루에게 말했다.

이루는 기분이 좋지 않았지만 내색하지 않았다.

"그럼 다음 주 목요일까진 줘야 돼."

"물론이지. 그 전에 갚을 거야."

드론을 사자면 삼만 원을 더 모아야 하니, 아직 시간이 있었다. 이루는 여유롭게 생각하기로 했다.

그런데 그날 저녁 이루는 삼촌한테 용돈을 받았다.

'아아, 송이에게 돈을 빌려주지 않았더라면 지금이라도 드론을 살 수 있는데.'

이루는 조바심이 났다. 하지만 목요일까지 달라고 했으니 내일 당장 갚으라고 재촉하기도 뭐했다.

"뭐어, 오늘도 못 준다고? 너 지난주에 목요일까지 주기로 했잖아."

"언니 학원비가 먼저라서 말이야. 낼모레 토요일에 줄게. 박물관 체험 활동 있는 날이잖아. 정말로 미안."

송이가 고개를 숙였다.

"후우……."

이루는 한숨을 내쉬었다.

"야, 금송이. 지난주에 빌린 걸 아직도 안 갚은 거야?"

장오는 이렇게 될 줄 모르고 이루에게 돈을 빌려주라고 한 게 마음에 걸렸다.

"그, 그게……."

평소 밝기만 한 송이의 표정이 한순간 어두워졌다.

사실 송이는 이루에게 돈을 빌린 그날 밤, 엄마한테 말하려고 했다. 그런데 안방 앞에서 아파트 대출금 때문에 고민하는 부모님의 한숨 소리를 듣게 되었다. 게다가 아빠가 회사를 그만두셨고 다른 일을 찾을 때까지 허리띠를 졸라매고 살아야 한다는 이야기까지 듣고 나니, 용돈 달라는 말이 쏙 들어갔다.

하지만 이루가 송이의 그런 상황을 알 리 없었다.

'갚지 못할 거면 빌리지 말던가. 아니, 아예 떡볶이를 사 먹지 말았어야지!'

이루는 송이에게 불만을 말하려다가 입을 꾹 다물었다. 전학 온 지 얼마 되지도 않았는데 친구와 다투는 일을 만들고 싶지 않았다.

'그래, 이틀만 더 기다리자. 드론이 도망가는 물건도 아니고, 늦어도 토요일에는 살 수 있을 거야.'

이루는 이번에도 화가 나는 걸 꾹 참았다.

드디어 토요일 체험 활동 날. 경제 박물관 앞에서 이루와 마주한 송이는 어찌할 바를 몰라 몸만 비비 꽜다.

"저기, 다음 주에는 꼭 줄게."

"금송이! 벌써 몇 번째야, 이게."

이루는 화를 참지 못하고 목소리를 높였다.

가까이에 있던 현서와 장오가 눈이 동그래져서 둘을 쳐다 봤다.

"내가 일부러 약속을 안 지키는 게 아니고, 못 지키고 있는 거거든."

변명 아닌 변명을 하는 것이 부끄러워서 송이는 고개를 들지 못했다.

"야, 만 원 가지고 뭘 그렇게 쩨쩨하게 굴어?"

민망해하는 송이가 안돼 보여서 장오가 이루에게 한마디했다. 그게 불난 집에 기름을 붓는 꼴이 되고 말았다.

"장오, 네가 왜 나서냐? 약속은 지키자고 하는 거야. 돈거래는 서로의 신뢰를 바탕으로 한 기본적인 약속이라고!"

식식거리는 이루를 보면서 장오는 아무 말도 못 하고 바보처럼 눈만 끔뻑거렸다.

다음 주에 줄게~.
내 돈~ 빨리 내놔~
툭
이루는 쪼잔한 애가 아닐거야~
토요일엔 갚을 수 있지? 그치~?
어, 그럼. 당연하지.
갚지 못할거면 빌리지를 말던가.
또야? 벌써~ 몇 번째야~

## 2

# 화폐관의 유령

노란 연미복을 차려입은 남자가 노란 중절모를 벗으며 아이들에게 고개 숙여 인사했다.

"안녕하세요, 여러분. 저는 경제 박물관의 큐레이터 옐로우 큐입니다."

옐로우 큐는 여느 어른들과 달리 아이들에게 공손했다. 그래서인지 아이들도 예의를 갖춰 인사했다.

"화폐는 물물교환에서 비롯되었지요. 좀 더 편리한 교환을 위해서 변해 오다가 오늘날의 화폐가 되었습니다. 화폐의 변신 이야기도 재미있지만, 먼저 돈에 얽힌 여러분의 경험을 듣고 싶군요. 소중한 돈, 아까운 돈, 망할 놈의 돈 얘기, 누가 먼저 해 볼까요?"

옐로우 큐가 '망할 놈의 돈'이라고 할 때도 아이들은 별로 놀라지 않았다. 좋은 말이 아닌데, 신사 같은 옐로우 큐가 하니 왠지 나쁜 말처럼 들리지 않았다.

"저는요, 심부름할 때마다 대가로 엄마한테 용돈을 달라고 하다가 혼만 났어요. 그렇게 할 거면 먹여 주고 재워 주는 값을 치르라고 하시지 뭐예요."

"혼날 만하네. 네 말대로라면 너도 당연히 밥값을 내야지."

현서의 말에 장오가 쌤통이란 듯 웃어 젖히며 말했다.

그런 장오를 이루는 떨떠름한 표정으로 보았다.

'장오 저 녀석이 부탁만 안 했어도 이런 일은 없었을 텐데…….'

이루는 돈을 못 받은 게 장오 탓인 것 같았다.

"저는 제가 돈을 직접 만들었으면 좋겠어요. 필요할 때마다 마음대로 쓸 수 있잖아요. 빌린 돈도 금방 갚을 수 있고요."

송이가 한숨을 폭 내쉬며 말했다. 돈만 생각하면 마음에 돌덩이를 올려놓은 것처럼 답답했다.

"그건 위조 화폐거든. 만드는 것도 불법이라고!"

이루가 퉁명스럽게 끼어들었다.

"송이 양은 돈이 없어서 아쉬운 모양이군요."

옐로우 큐가 송이에게 말하더니 이윽고 아이들을 둘러보았다.

"사람들 모두 각자 필요한 돈을 만들어 쓴다면 이 사회는 어떻게 될까요? 부자나 가난한 사람이 따로 없을 테니, 좋은 일일까요?"

"돈을 벌려고 물건을 만들어 파는 사람들은 더 이상 물건을 만들지 않을 것 같아요. 그 사람도 돈을 마음대로 만들 수 있는데 뭐 하러 장사를 하겠어요?"

장오가 현서의 말에 맞장구를 쳤다.

"그렇게 되면 필요한 물건은 각자 만들어 쓰겠네요. 내가 못 만들면 다른 사람이 만든 거랑 교환하면 돼요."

현서가 뭔가 깨달았다는 듯 눈을 크게 떴다.

"어, 말하다 보니 옛날, 돈이 없었던 물물교환의 시대로 다시 돌아갈 것 같은데요?"

그러자 옐로우 큐가 빙그레 웃었다.

"그럴 수도 있겠군요. 그러나 물물교환의 시대로 돌아가기 전에 사회는 대혼란에 빠질 거예요. 돈을 마음대로 만들어 쓰면 돈의 가치는 떨어질 거고, 물건 가치가 높아지죠. 아무

누가 또 망할 놈의
돈 이야기
해 볼까?
저요~,
돈 만드는
기계요.
칫!

리 돈이 많아도 사고 싶은 걸 살 수 없을 거예요."

"그런데 선생님, 돈은 누가 만드나요?"

장오의 물음에 옐로우 큐가 말했다.

"각 나라의 중앙은행에서 발행한답니다."

"그럼, 중앙은행이 돈을 많이 찍어서 국민들에게 똑같이 나눠 주면 좋겠네요."

장오가 좋은 생각을 해냈다는 듯 큰 소리로 말했다.

"허허, 중앙은행도 돈을 마음대로 찍어 내진 못합니다. 정부의 관리 아래, 시장에 있는 돈의 양을 확인하면서 필요한 만큼만 발행하지요."

옐로우 큐는 돈의 가치와 필요성에 대해 이야기하려면 시간이 더 필요하다며 아이들에게 박물관의 전시물을 잘 살펴보라고 했다. 그다음 시장 경제 체험관 앞에서 다시 모이자고 했다.

"송이야, 무슨 걱정이라도 있어?"

현서가 시무룩한 송이에게 다가가 물었다.

"여기도 돈, 저기도 돈인데, 난 왜 돈이 없지?"

송이는 전시된 화폐들을 가리키며 말했다.

"이루한테 빌린 돈 때문에 그래? 엄마한테 말씀드려 봤어?"

"그게 있잖아. 우리가 새 아파트로 이사하면서 빚을 진 데다, 이번에 아빠가 회사를 그만두셨거든. 일자리를 찾으실 때까지 용돈 더 달라는 말을 못 하겠어. 말하면 돈 잃어버린 거랑 빌린 거랑 다 말해야 할 테고……."

"내가 빌려줄까? 용돈 모아 둔 게 있는데."

현서의 말에 송이가 고개를 저었다. 현서에게 빌려도 어차피 갚아야 할 돈이었다.

"으이구, 그러니까 왜 돈을 잃어버리고 그랬냐."

지나가던 장오가 참견을 했다. 송이는 대꾸하려다가 장오 옆에 있는 이루와 눈이 딱 마주쳤다. 자신도 모르게 고개를 돌린 채 다른 쪽으로 발걸음을 옮겼다.

'재 뭐야. 약속은 자기가 어겨 놓고서 왜 저런담?'

이루는 이루대로 기분이 상했다. 혹시 애들한테 자기 험담을 하나 해서 쳐다본 것뿐인데, 송이의 태도가 갑자기 변하니 입술이 저절로 툭 불거져 나왔다.

송이는 옛날 화폐들이 진열된 전시대 앞으로 왔다. 안에는 금, 은을 비롯해 엽전들이 있었다. 눈은 전시물을 보고 있는

데, 머릿속은 온갖 걱정들로 가득했다.

'엄마가 당분간은 치킨도 안 시켜 주시겠지? 이제 떡볶이도 안녕인가? 에휴, 이루한테 이런 우리 집 사정을 어떻게 말해.'

송이는 체험이고 뭐고 얼른 집에 가고 싶어졌다.

'장오랑 현서는 친해서 괜찮은데, 이루 재가 내가 돈 안 갚았다고 여기저기에 소문내면 어쩌지?'

생각만 해도 머리가 지끈지끈 얼굴이 화끈거렸다.

"차라리 내가 돈이 되면 좋겠다, 정말!"

답답한 나머지 혼잣말을 내뱉었다.

그때였다. 진열장에 있던 금덩이가 갑자기 꿈틀거렸다. 송이는 헛것을 본 건가 싶어 눈을 비비고 다시 쳐다봤다. 금덩이가 마치 살아 있는 황금 벌레처럼 꼼지락거렸다.

'저, 저게 뭐지?'

그 순간 금덩이에서 연기가 모락모락 피어오르더니, 순식간에 커다란 유령의 모습으로 변했다.

"꺄아악!"

송이는 깜짝 놀라 비명을 지르며 엉덩방아를 찧었다.

"금송이, 귀신이라도 봤어? 왜 그래?"

장오와 이루가 가까이 왔다.

어?
꿈틀
꿈틀
텅~
꺄악!
콰당~

"저어기, 저기 유령이……."

송이는 한 손으로 얼굴을 가린 채, 다른 손으로 금덩이가 있는 전시대를 가리켰다.

"뭐야, 아무것도 없는데. 대체 뭘 본 거야?"

장오가 전시대를 살피며 말했다.

"다친 데는 없어?"

현서가 다가와 주저앉은 송이를 일으켜 세웠다.

"분명히 유령이었어. 그것도 어마무시한 유령. 머리는 등허리까지 이렇게 길고……."

송이는 손으로 유령을 그려 보이며 부르르 떨었다. 하지만 다시 보니 진열대에 뭐가 있기는커녕 금덩이도 처음 그대였다.

'귀신이 곡할 노릇이네.'

친구들이 화폐관을 나가는데도 송이는 금덩이 앞에 계속 서 있었다. 현서가 빨리 오라고 손짓했지만 발걸음이 떨어지지 않았다.

그때였다. 누군가 송이의 어깨를 잡았다. 송이는 움찔하며 고개를 돌려 뒤를 보았다.

"흐어억!"

아까 그 유령이다.

"너 돈이 되고 싶다고 했지? 그 소원, 내가 들어주마."

유령의 목소리는 낮고 음산했다. 송이의 온몸에 도톨도톨 소름이 돋았다.

"아, 아니요. 안 들어주셔도 돼요."

송이의 얼굴이 하얗게 질렸다.

"한번 내뱉은 말은 주워 담기 힘들지."

유령이 희미하게 웃었다.

"사람이 어떻게 돈이 돼요? 그런 얘기는 처음 들어 봐요."

송이가 바들바들 떨면서 겨우 말했다.

"옐로우 큐의 살아있는 경제 박물관에서 그런 일이 일어나지 말란 법도 없지. 친구들 모두를 돈으로 만들긴 어렵겠지만, 한 명은 거뜬하거든. 게다가 너처럼 돈이 되길 원하는 아이라면 아주 쉬워."

유령은 물러날 기미가 없었다.

"도, 돈이 되고 싶다는 말은 취소할게요. 비켜 주세요. 친구들한테 가야 해요."

"에이, 그렇게는 안 되지! 난 네가 필요하단다. 나와 같이 가자꾸나."

"싫어요."

송이가 달아나려고 할 때였다.

"야, 금송이! 너, 거기서 혼자 뭐 해?"

화폐관으로 되돌아온 이루가 송이를 향해 물었다. 이루 눈에는 유령이 보이지 않았다.

"거봐요. 친구가 날 데리러 왔잖아요."

"잘됐군. 널 데려가면, 다들 따라나선다고 하겠지. 완벽해."

"자꾸만 날 어디로 데려간다는 거예요? 난 가기 싫어요."

"가만히 좀 있어 봐. 머리에 손을 얹고 주문을 외워야 한단 말이야."

유령이 송이 머리에 손을 얹으려 하자 송이는 요리조리 피하며 도망다녔다.

"금송이, 모두 기다린다고. 장난 그만하고 빨리 와."

이루는 강아지처럼 혼자 뛰어다니는 송이가 한심했다. 그런데 가만 보니 겁에 질린 채 뛰고 있는 게 아닌가.

"옐로우 선생님을 데려와야겠어. 금송이 너, 꼼짝 말고 여기 있어."

이루가 서둘러 문 쪽으로 돌아선 순간이었다.

폴짝폴짝 뛰어 다니던 송이가 "펑!" 하는 소리와 함께 사라

콰직~
데굴
데굴
한국은행
오만원
50000

져 버렸다. 대신, 금화 한 개가 화폐관 바닥으로 톡, 떨어졌다.

그 소리에 이루가 뒤를 돌아보았다. 방금 전까지 뛰어다니던 송이가 어디에도 안 보였다. 당황한 이루는 헐레벌떡 화폐관을 뛰쳐나갔다.

유령이 흐뭇한 미소를 지으며 송이 금화를 주우려고 허리를 굽혔다. 하지만 금화는 유령의 손을 피해 데구루루 굴렀다.

금화를 잡으려는 유령과 도망치는 송이 금화의 소동으로 화폐관 안은 한바탕 소란스러웠지만, 아무도 그 사실을 눈치채지 못했다.

## 옐로우의 수업노트 · 01

돈 문제로 곤란을 겪고 있구나. 세상에는 돈 때문에 발생하는 일들이 많단다. 돈의 역할이 크기 때문이지.

# 행복을 주는 돈, 불행을 안기는 돈

### 1) 돈을 불리는 현명한 투자

용돈을 받아 차곡차곡 저축하면 어느새 돈이 모일 거야. 투자를 할 수 있는 종잣돈이 모이면 이자를 받을 수 있는 금융 상품을 찾아봐. 적금처럼 안전한 상품에 투자하면 정해진 이자를 받을 수 있고 돈을 잃을 염려가 없어. 이자보다 더 많은 이익을 기대한다면 주식을 사서 회사에 투자하는 방법도 있지. 돈을 잃을 위험이 있으니 신중해야 해. 투자한 회사가 이익을 내면 투자금이 불어나지만 손실이 나면 전부 또는 일부를 잃을 수도 있어. 투자에 성공한 사람들은 자기만의 투자 원칙이 있단다.

◀ 워런 버핏의 투자 원칙
1. 절대로 돈을 잃지 않는다.
2. 제1원칙을 절대로 잊지 않는다.
Tip 회사의 안전성과 성장 가능성을 꼼꼼히 살핀다.

짐 로저스의 투자 원칙 ▶
1. 아는 분야에만 투자한다.
2. 다른 사람의 말만 듣고 투자하지 않는다.
Tip 통일된 대한민국은 세계 최고의 투자처이다.

## 2) 거품처럼 사라지는 돈, 투기

수십억대의 복권에 당첨된 사람이 돈을 잃고 빚쟁이가 되었다는 뉴스를 들어 본 적 있니? 『흥부와 놀부』에서 놀부는 돈 욕심 때문에 가족과 재산 모두를 잃어버리잖아. 돈은 사람의 욕심을 쉽게 자극한단다. 돈 욕심이 지나치면 판단력이 흐려지지. 돈을 많이 벌고 싶은 마음에 무리하게 투자하는 걸 '투기'라고 해. 여기 튤립 구근이 있어. 한 뿌리에 1억이야. 꽃을 피우면 10배로 팔 수 있대. 돈이 있다면 투자하겠니? 가격이 말도 안 된다고? 17세기 초 네덜란드에서 말도 안 되는 일이 실제로 일어났어.

### 네덜란드 튤립 파동

17세기 초 네덜란드의 부자들은 터키에서 수입된 튤립에 마음을 빼앗겼어. 처음 본 튤립이 너무나 아름다워서 모두들 가지고 싶어 했지. 장사꾼들은 튤립 알뿌리를 사서 몇 배의 이익을 남기고 팔기 시작했어. 소문이 퍼지자 일반 사람들도 튤립 알뿌리를 사서 재배하며 일확천금의 꿈을 키웠지. 튤립 가격은 하늘 높은 줄 모르고 치솟았어. 당시 최상급의 튤립 값은 고급 저택 한 채 값에 달할 정도였대. 그렇지만 곧 말도 안 되는 가격은 순식간에 폭락했지. 튤립에 투자한 엄청나게 많은 돈은 거품처럼 사라지고 말았단다. 일확천금을 노리고 빚까지 져 가며 튤립 알뿌리를 사들인 사람들은 빚더미에 올라앉고 말았지.

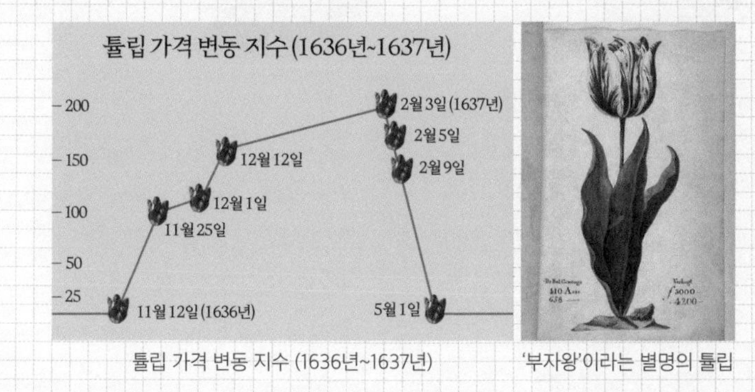


튤립 가격 변동 지수 (1636년~1637년)　　'부자왕'이라는 별명의 튤립

### 3) 돈으로 행복을 산다고?

대부분의 사람들은 말해. 행복은 돈으로 살 수 없다고. 그런데 하버드 대학의 경영학과 교수, 마이클 노턴은 돈으로 행복을 살 수 있다는 연구 결과를 발표했어. 그는 참가자들에게 돈을 나눠 주고 사용하도록 하는 실험을 했어. 그리고 어떻게 돈을 쓴 사람이 행복한 기분을 느꼈는지, 참가자들을 대상으로 설문 조사를 했지. 결과가 어땠을까?

참가자 중 행복하다고 말한 이들은 남을 위해 돈을 쓴 사람들이었어. 나이가 많건 적건, 남자건 여자건, 어느 지역에 살고 있건 똑같은 실험 결과가 나왔지. 마이클 교수의 실험에 참여한 후 행복해졌다는 사람들의 이야기를 들어 볼까. 돈으로 행복을 살 수 있는 방법은 생각보다 어렵지 않아.

엄마와 함께 쇼핑센터에 갔어. 평소 가지고 싶어 하셨던 물건을 사드렸지. 좋아하는 엄마의 얼굴을 보니, 나도 아주 행복했어.

친구의 아들이 말라리아에 걸렸는데 돈이 없어서 치료를 받지 못하고 있었어. 내게 생긴 돈으로 친구의 슬픔을 덜어 줄 수 있게 돼서 참, 다행이야.

회사 동료들과 파티를 했어. 개인이 각자 돈을 썼다면 그렇게까지 즐겁진 않았을 거야. 팀 분위기는 좋아졌고 몇 개월 후 다른 팀보다 업무 성과가 높다고 인정받았지. 우리는 또 한 번 행복해졌어.

우리 팀은 선물을 사서 서로에게 주기로 했어. 선물은 살 때도 받을 때도 행복했지. 그 후 우리 팀은 많은 경기에서 이겼고, 실험 전보다 높은 승률을 기록했어.

## 4) 돈이 많아도 빵을 살 수 없다고?

빵 한 조각을 사는 데 몇 다발의 지폐가 있어야 한다면, 돈이 많아서 풍요롭게 살고 있다고 말할 수 있을까? 돈이 필요하다고 마구 찍어 내 시중에 돈이 많아지면 돈의 가치가 떨어진단다. 만 원이 십 원의 가치로 떨어지면 아무리 돈이 많아도 생활이 넉넉하지 않을 거야.

돈의 가치가 떨어지고 물가가 계속 올라가는 현상을 '인플레이션'이라고 해. 인플레이션은 물건을 사려는 사람은 많은데 기업이 생산하지 못해서 물건값이 오를 때나, 원자재 및 석유값 인상으로 생산비가 올라 물건값이 뛸 때 발생한단다. 이런 경우 정부는 사회의 혼란을 막기 위해 물가를 안정시키는 정책을 펼쳐야 하지. 만약 전쟁이나 경제 정책의 실패로 정부가 통제하기 어려운 '초인플레이션'이 발생하면 사회는 대혼란에 빠지게 돼.

### 패전국가 독일의 초인플레이션

1차 세계 대전에서 패하고 난 후 독일 정부는 돈을 마구 찍어 냈어. 막대한 양의 전쟁 배상금을 물기 위해서 돈이 필요했기 때문이야.

그 결과 돈의 가치가 바닥으로 떨어졌지. 돈을 수레에 가득 싣고 가도 달걀 한 판을 살 수 없을 정도였어. 독일 국민들은 엄청나게 큰 경제적 곤란을 겪게 되었어. 이때 히틀러가 등장해서 자신이 독일의 경제를 회복시키겠다고 사람들을 선동했지. 많은 사람들이 히틀러의 악한 거짓말에 넘어가 그를 지지했고 히틀러는 독일 총통이 되었지. 결국 독일의 초인플레이션은 2차 세계 대전이라는 비극의 씨앗이 되었단다.

지폐 다발로 탑을 쌓으며 노는 독일 어린이

## 3

# 옐로우의 지폐

"나는 이다음에 화폐에 나오는 인물이 될 거야."

"훌륭한 사람이 되어야 화폐 인물이 될 수 있지. 참, 프랑스 지폐에는 어린 왕자가 등장한대. 혹시 모르지. 장오, 네가 대한민국 대표 장난꾸러기 캐릭터로 나올지도."

장오와 현서는 시장 경제 체험관 앞에서 농담을 주고받으며 이루와 송이를 기다렸다.

"그래? 이순신 장군보다 어린 왕자가 쉽긴 하겠다. 크크."

"장난꾸러기 말고 제발 좀 훌륭한 인물이 되길 바란다, 박장오."

현서가 놀리듯 웃으며 말했다.

"얘들아, 옐로우 선생님은 어디 계셔? 큰일 났어. 송이가…… 송이가 없어졌어."

헐레벌떡 뛰어온 이루가 가쁜 숨을 몰아쉬며 말했다.

"그게 무슨 소리야?"

현서와 장오는 눈이 휘둥그레졌다.

"박물관 안에서는 큰 소리를 내면서 뛰어다니면 안 되는 거 모릅니까?"

옐로우 큐가 나타나 점잖은 목소리로 아이들을 타일렀다.

"서, 선생님. 송이가 혼자 펄쩍펄쩍 뛰어다니다가, 감쪽같이 사, 사라져 버렸어요."

이루는 놀란 마음을 진정시키지 못하고 말까지 더듬었다.

옐로우 큐의 한쪽 눈썹이 조금 올라갔다. 하지만 표정은 변하지 않았다. 중절모를 머리 위로 살짝 들었다가 내려놓고는 아이들에게 침착하게 말했다.

"이 화폐관에 전시된 화폐들은 제각각 사연이 깃들어 있습니다. 어쩌면 송이 양은 화폐관의 유령이……."

"유, 유령이……? 저기, 저기 좀 보세요."

이루가 옐로우 큐의 말허리를 자르며 외쳤다. 아이들과 옐로우 큐는 일제히 이루가 가리키는 곳을 보았다.

"지, 진짜 유령이다."

깜짝 놀란 아이들의 입이 쩌억, 벌어졌다.

유령은 뭔가 할 말이 있는 듯 머뭇거렸다. 그러다 괴기스러울 정도로 팔을 길게 뻗더니 커다란 금화를 보여 주고는 아무 말 없이 사라졌다.

"내가 방금 뭘 본 거지?"

장오는 믿을 수 없다는 듯 손등으로 두 눈을 비볐다.

"유령이 보여 준 금화 봤어? 분명 송이 얼굴이었어. 소, 송이가……. 옐로우 선생님, 유령이 송이를 금화로 만든 거죠?"

현서도 이 상황이 믿기지 않아 멍한 표정을 지었다.

“금덩이에 깃든 유령이 여러분을 선택했나 봅니다. 송이가 간 곳으로 여러분을 보내는 수밖에 없겠습니다.”

옐로우 큐가 담담한 목소리로 말했다.

“우리를 어디로 보낸다는 거예요?”

이루가 겁먹은 표정으로 물었다.

“유령의 사연이 깃든 곳입니다. 그곳에 가서 송이 양을 데려와야 합니다. 여러분만이 할 수 있는 일이죠. 저를 따라오세요.”

옐로우 큐는 어안이 벙벙해진 아이들을 시장 경제 체험관으로 안내했다. 급박한 상황인데도 절대 서두르지 않았다.

체험관 문이 열리자, 바닥에 그려 놓은 그림들이 약속이나 한 듯 팝업 북처럼 일어섰다. 전시장은 보드게임 판을 통째로 옮겨 놓은 것 같았다. 은행 건물이 보였고 그 주변으로 공장과 시장이 들어서 있었다. 상점이 나란히 줄지어 있는 골목은 오가는 사람들로 북적거렸다.

"와우, 멋진데!"

체험관 안을 휘젓고 다니던 장오를 옐로우 큐가 눈길 한 번으로 제압시켰다. 옐로우 큐는 송이가 사라진 뒤부터 줄곧 겁먹은 얼굴을 하고 있는 이루를 불러 QR카드 목걸이를 걸어 주었다.

"이, 이건 뭐죠? 유령과 싸우는 무기인가요?"

이루가 QR카드 목걸이를 꺼림칙하게 들여다보며 물었다.

"이 목걸이는 여러분이 이동하는 동안에 뿔뿔이 흩어지는 것을 막아 줍니다. 다른 기능도 있는데……, 그건 곧 알게 될 겁니다."

옐로우 큐는 아이들의 얼굴을 하나하나 쳐다보고는 양복

깃에 꽂혀 있던 날개 달린 Q 배지를 떼어 자신의 손바닥 위에 올려놓았다. 그러고는 입술을 모아 "후우~!" 하고 바람을 불어넣었다. Q 배지가 순식간에 날개 달린 지폐로 변하더니 새처럼 공중을 날았다.

"우아!"

아이들은 날개 달린 지폐를 신기한 눈으로 바라보았다. 장오가 팔을 쭉 뻗고 뛰어 봤지만 지폐는 잡히지 않았다.

"여러분을 유령에게 안내할 옐로우의 지폐입니다. 이 지폐를 따라가면 유령을 만날 수 있을 겁니다. 돈을 좋아하는 유령이라 이 돈도 끌어당길 테니까요. 부디, 송이 양을 찾아서 함께 돌아오길 바랍니다."

"돌아올 때는 어쩌지요?"

걱정이 된 이루가 물었다.

"일이 잘 마무리되면 옐로우의 지폐가 여러분을 이곳으로 데려다줄 겁니다."

옐로우 큐는 다시 중절모를 살짝 들었다가 머리에 얹었다.

"유령한테 보내 주세요. 송이를 구해야죠."

현서는 생각지도 못한 모험에 조금 들떴다.

"그런데 선생님, 유령이 금화가 된 송이를 우리에게 보여 준

이유가 있죠? 송이를 구하고 싶으면 따라오라는 신호 같았는데, 원하는 게 뭘까요?"

"이루 군은 꽤나 예리하군요. 맞습니다. 유령이 송이 양을 데려간 이유가 있어요."

아이들은 호기심 가득한 눈으로 옐로우 큐를 올려다보았다.

"흠흠, 그런데 말로 설명하기 좀 곤란하군요. 사정을 알면 가기 싫어질 수도 있고……."

옐로우 큐가 애매하게 대답했다.

"사정을 알면 가기 싫어진다뇨……?"

이루가 더 묻기도 전에 옐로우 큐는 얼른 이야기를 돌렸다.

"자, 갈 준비가 됐습니까?"

"아, 아뇨. 저희는 아직……."

장오는 머뭇거리면서도 옐로우 지폐의 날갯짓을 홀린 듯 바라보았다.

**"이번 기회에 생각해 보길 바랍니다.**
**모두 함께 행복한 경제!"**

옐로우 큐는 아이들과 눈을 맞추며 당부했다. 그러고는 중절모를 벗어 가슴에 얹고, 홀쭉한 볼에 바람을 넣어 빵빵하게 만들더니 입술 밖으로 '후우' 내보냈다.

어디선가 찬 바람이 불어오는가 싶더니 곧이어 눈발이 날리기 시작했다. 바람은 금세 거세졌고, 전시관 안으로 눈보라가 일었다.

이루와 장오는 모자가 날아갈까 봐 손으로 꽉 붙들었다.

현서는 가방끈을 손에 쥐고 손으로 눈을 가렸다.

옐로우의 지폐가 아이들의 눈앞에서 빙빙 돌다가 이윽고 높이 날아올랐다. 아이들도 지폐를 따라 두둥실 공중으로 떠올랐다. 지폐는 양 날개를 접더니 마치 로켓처럼 눈보라 속을 뚫고 올라갔다. 그 뒤를 아이들이 슈웅 날아올랐다.

커다란 눈송이들이 빠르게 아이들 얼굴을 스쳐 갔다. 다들 차가운 눈덩이를 피하지 못한 채 "으아악!" 소리만 질러 댔다.

얼마나 날았을까. 눈보라가 잦아들더니 청명한 하늘이 나타났다. 하얀 눈으로 덮인 언덕 위로 낮은 집들이 띄엄띄엄 보이기 시작했다.

옐로우의 지폐는 멀리 보이는 검은 구름으로 아이들을 이끌었다. 가까이 다가가서야 검은 구름이 아니라 공장 굴뚝에

슈우우우 우웅~
꺄악~!
아~, 눈에
눈 들어갔어~.
으아악~!

서 뿜어져 나오는 매연이라는 것을 알 수 있었다.

"콜록콜록, 이게 다 뭐야!"

매캐한 연기를 들이마신 아이들이 쉴 새 없이 기침을 해 댔다. 눈물과 콧물을 흘리며 정신을 못 차리는 아이들을 옐로우의 지폐는 시커먼 도시 깊숙한 곳으로 끌고 들어갔다.

"으어엇!"

쿵쿵쿵, 바닥으로 떨어진 아이들은 한동안 몸을 움직이지 못했다.

가까스로 정신을 차린 아이들이 눈을 뜨고 주위를 둘러보았다. 그곳은 어느 낯선 사무실이었다. 진한 색 마호가니 책상에 심술궂게 생긴 나이 든 남자가 앉아 있었다.

남자는 날카로운 눈빛으로 날개가 사라진 옐로우의 지폐를 앞뒤로 꼼꼼히 살펴보았다.

"흠, 위조지폐는 아니로군. 설마 아직까지 위조지폐가 나돌아 다니진 않겠지?"

양복 주머니에서 지갑을 꺼낸 남자가 옐로우의 지폐를 그 안에 넣었다.

"앗, 잠깐만요, 할아버지!"

그 돈 저희 거예요~!
주세요!

이루와 현서, 장오는 약속이라도 한 듯 동시에 책상으로 다가갔다.

"그 돈은 저희 거예요! 돌려주세요."

현서가 양손을 내밀었다.

"너, 너희는 누구지? 누군데 허락도 없이 내 사무실에 들어온 거냐?"

갑자기 나타난 아이들을 보며 남자가 흰 눈썹을 추켜세우고 무서운 눈빛으로 바라보았다.

"할아버지야말로 누구신데 허락도 없이 남의 돈을 꿀꺽하시는 거예요?"

장오도 기죽지 않고 늙은 남자를 째려봤다.

"하, 런던에 살면서 내가 누군지 모른다고? 상관없다. 하지만 나한테 기부하라는 둥 씨알도 먹히지 않을 소리 할 거면, 썩 나가거라. 어디서 무슨 소문을 들었는지 몰라도 올해는 나도 할 만큼 했다."

남자는 귀찮다는 듯이 손을 내저었다.

"할아버지가 지금 무슨 얘길 하시는지 모르겠지만, 방금 지갑에 넣은 돈, 진짜 우리 거예요. 돌려주시면 좋겠어요."

현서는 최대한 예의를 갖추느라 억지 미소를 지었다.

"내 책상 위로 떨어진 돈이 왜 너희들 거냐? 허튼소리 말고 내 사무실에서 나가!"

남자는 보란 듯이 지갑을 양복 주머니 안에 깊숙이 찔러 넣었다.

"아아, 안 돼요. 우리를 유령한테 데려다줄 돈이란 말이에요."

이루가 손을 뻗었지만 소용없었다.

"흥! 유령 같은 소리 하네. 여기는 엄연히 나, 스크루지의 사무실이야. 내 책상 위에 있는 돈은 당연히 내 거란 말이다, 아무렴."

"스, 스크루지라고?"

남자의 말에 현서가 눈을 동그랗게 뜨고 주위를 둘러보았다. 유리창 밖으로 하얀 눈발이 날렸고, 어디선가 크리스마스 캐럴을 부르는 노래 소리가 들려왔다.

"얘들아, 아무래도 옐로우의 지폐가 우리를 『크리스마스 캐럴』* 이야기 속으로 데려온 것 같아. 여기가 구두쇠 스크루지의 사무실이라면, 우리는 지금 1800년대의 영국 런던으로 온

---

* 크리스마스 캐럴 : 영국의 작가 찰스 디킨스가 1843년에 발표한 소설이에요. (218쪽 참고)

거야."

이루와 장오는 현서의 말을 듣고 고개를 갸우뚱거렸다.

"옐로우의 지폐가 우리를 돈 좋아하는 유령에게 데려다줄 거라고 했는데……."

"그러게 말이야. 근데 구두쇠 스크루지에게 오다니."

현서가 한숨을 푹 쉬었다.

"돈 좋아하기로는 구두쇠 스크루지가 유령보다 한 수 위인가 보네."

세 아이들의 어깨가 축 처졌다. 이 낯설기만 한 곳에서 화폐관의 유령을 어떻게 찾을지 걱정이 앞섰다.

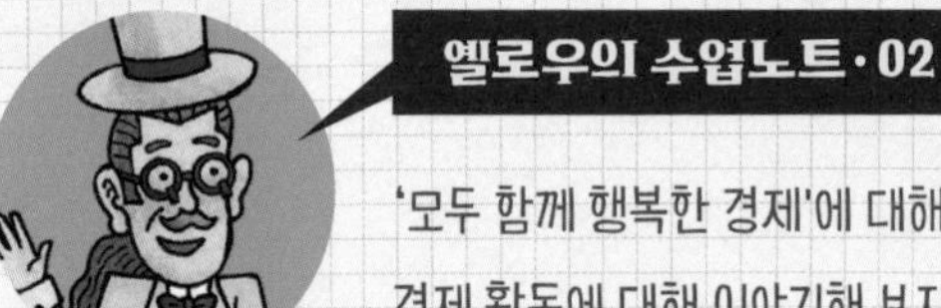


'모두 함께 행복한 경제'에 대해 생각하기 전에 친구들의 경제 활동에 대해 이야기해 보자.

# 돈이 보이는 경제, 돈이 보이지 않는 경제

## 1) 돈이 보이는 경제

사회를 구성하고 살아가면서 사람들은 다양한 활동을 해. 필요한 물건을 생산하고, 사고팔며, 나누기도 하지. 이렇게 경제 분야에 관련된 모든 행동을 '경제 활동'이라고 한단다. 경제 활동을 하기 위해서는 보통 돈이 필요하지? 그래서 우리 생활에서 돈이 매우 중요한 거야. 돈이 있어야 물건을 만들고, 사서 쓸 수 있으니까. 가계, 기업, 정부는 경제 활동을 하는 주체들이야. 이들이 각각 어떤 경제 활동을 하는지 알아보고 돈이 어떻게 오가는지도 함께 살펴보자.

## 경제란 무엇일까?

사람들이 살아가는 데 필요한 재화*와 서비스**를 만드는 활동을 '생산', 생산한 것을 나누거나 생산을 통해 벌어들인 이윤을 나누는 활동을 '분배', 분배된 것을 사용하는 활동을 '소비'라고 하지. 이 세 가지 활동을 통틀어서 '경제'라고 한단다.

### 경제 주체들의 활동과 돈의 흐름

| 경제 주체 | 하는 일 | 돈의 흐름 |
|---|---|---|
| 가계 | • 재화와 서비스를 만드는 일을 해요.<br>• 소비하고, 교육이나 의료 서비스를 받아요. | • 일한 대가로 돈(임금)을 받아요.<br>• 돈으로 세금을 내고 물건을 사요. |
| 기업 | • 재화와 서비스를 만들어서 판매해요.<br>• 생산을 위해 시스템을 만들고 노동자를 고용해요. | • 생산 활동을 하고 돈(이윤)을 남겨요.<br>• 노동자에게 돈(임금)을 줘요. |
| 정부 | • 공공서비스와 복지서비스를 제공해요.<br>• 법과 제도를 만들어서 경제를 안정시켜요. | • 가계와 기업에게서 돈(세금)을 받아요.<br>• 돈(세금)으로 나라 살림을 해요. |

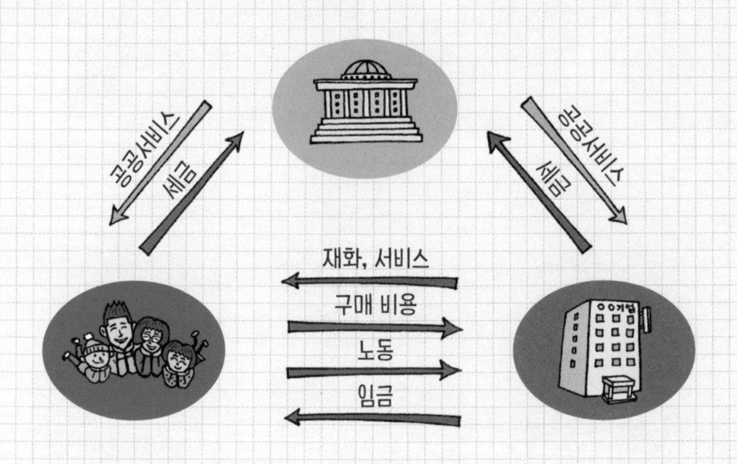


* 재화 : 형태가 있어서 만지거나 볼 수 있는 물건 (운동화, 연필)
** 서비스 : 사람들을 만족시키기 위해서 하는 활동 (의사의 치료, 선생님의 가르침)

## 2) 돈이 보이지 않는 경제

아빠와 분리수거를 했다고? 손수 만든 물건을 선물한 적도 있지? 이런 일도 경제 활동일까? 재화와 서비스를 만들긴 하지만 돈으로 거래되지 않으니 경제 활동이 아니라고? 우리는 경제를 생각할 때, 항상 돈을 함께 떠올려. 그러나 세상에는 돈이 보이는 않는 경제 활동도 많아.

집안 살림을 하거나, 가족과 친구를 돕거나, 취미로 물건을 만드는 일은 돈으로 가치를 측정하기는 어렵지만 우리의 삶을 풍요롭게 만드는 가치 있는 경제 활동이 분명해. 기업 중에도 이윤만을 목표로 삼지 않고 사회를 좋게 만드는 일 또한 사업의 중요한 목표라고 생각하는 '사회적 기업'이 있어. 또 처음부터 이윤 추구가 목적이 아닌 '비영리 기업'도 있지.

요즘 소비자들은 똑똑하고 의식 수준이 높아서 착한 기업의 물건은 적극적으로 구매하고, 나쁜 기업의 물건은 불매 운동을 벌이지. 기업이 사회적 책임을 다하는지 적극적으로 감시하고 응원한단다.

## 나라가 부자면 국민도 부자일까? 알고 보자, 경제 지표

우리나라는 세계에서 몇 번째로 잘사는 나라일까? 올해 나라 경제는 성장했을까? 국민의 소득도 늘어났을까? 이런 것이 궁금하다면 경제 지표를 살펴봐. 국가의 경제 규모나 경제 성장의 정도를 알고 싶을 때는 '국내 총생산(GDP)'을 보면 돼. 국내 총생산(GDP)은 일정 기간 동안 국내에서 생산된 재화와 서비스의 전체 합계야.

이 지표가 증가하면 보통 경제가 성장했다고 말해. 그러나 경제가 성장했다고 국민 모두가 행복해졌다고는 볼 수 없어. 환경을 생각하지 않은 무분별한 개발이나, 담배나 술 등의 국민 건강을 해치는 상품을 많이 생산해서 국내 총생산(GDP)이 늘어난 것일 수 있으니까. 또 국내 총생산(GDP)으로는 국민의 평균적인 생활 수준을 알기 어려워. 경제가 성장해도 소수의 사람들끼리 이윤을 차지했다면, 대다수 국민의 생활은 힘들어질 테니까.

이런 단점을 보완하기 위해 만들어진 경제 지표가 '국민 총소득(GNI)'이야. 국민 총소득(GNI)은 한 나라의 국민이 일정 기간 동안 벌어들인 소득의 전체 합계로 국민의 실제 생활 수준을 알 수 있어. 국내 총생산(GDP)과 국민 총소득(GNI)을 비교해 보면 국가가 성장한 만큼 이윤이 잘 분배되는지 파악할 수 있지.

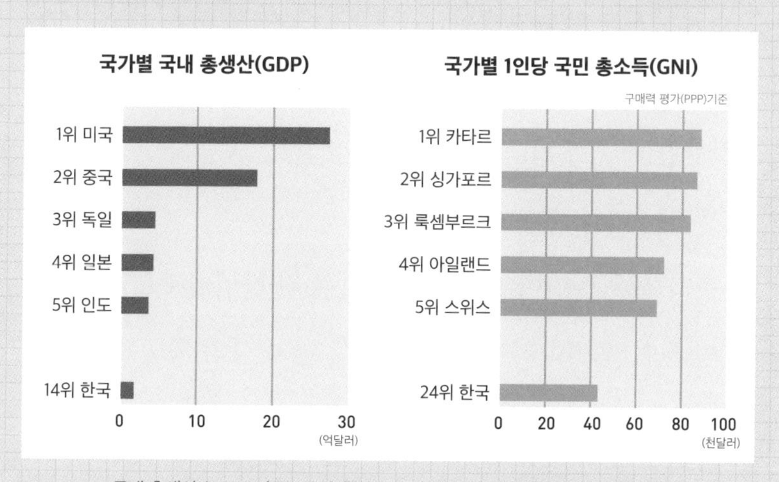


국내 총생산 (2023 기준), 국민 총소득 국가 순위(2020 기준) 출처 : 세계은행

4

## 우리더러 일을 하라고요?

"그나저나 말도 안 되는 소리를 늘어놓는 걸 보니 너희가 돈이 어지간히 궁한 모양이구나. 그렇다면 내가 돈 벌 기회를 마련해 주마."

스크루지는 아이들 말에는 관심을 보이지 않은 채 자기 말만 했다.

"네에? 지금 우리더러 일을 하라고요?"

"우리는 미성년자인데요."

"우리 같은 어린이에게 일을 시키는 건 불법이에요."

"맞아요. 우리나라에서는 징역 십 년 이상의 형벌을 받기도 한다고요."

아이들은 학교에서 배운 것들을 기억해 조목조목 따졌다.

하지만 스크루지는 막무가내였다.

"너희 나라 사정은 내 알 바 아니고, 여기선 다섯 살이라도 일을 해야 먹고살 수 있어."

그때 벽에 걸린 괘종시계의 종이 울렸다. 스크루지는 다급한 목소리로 사무실 뒤편을 향해 소리쳤다.

"밥, 자네 거기 있나?"

"네, 갑니다, 사장님."

스크루지의 말이 떨어지기가 무섭게 몸집이 작은 남자가 쪼르르 달려 나왔다.

"스크루지의 사무실에서 일하는 밥이야."

책 내용을 알고 있는 현서가 이루와 장오에게 낮은 목소리로 알려 줬다.

"요즘, 템스 강변에 버려진 쓰레기를 치우느라 시청 사람들이 골치를 앓는다더군. 일손이 필요하다고 하니 잘됐어. 시청 직원에게 이 아이들을 소개해 주게나."

"예에, 사장님."

밥은 허리를 굽실거리며 추위에 곱은 손에 호호 입김을 불었다.

"난 오늘 일생일대의 중요한 약속이 있어서 먼저 들어가겠네."

스크루지는 무거운 몸을 의자에서 일으키더니 모자를 집어 들고는 깊은 한숨을 내쉬었다. 옐로우의 지폐를 보고 욕심 사납게 굴던 때와 달리 근심과 걱정이 가득한 얼굴이었다.

"메리 크리스마스, 사장님!"

축 처진 어깨로 사무실을 나서는 스크루지를 향해 밥이 인사를 건넸다.

"제발! 그 망할 놈의 크리스마스 소리는 하지도 말게. 내일이면 내가 어떻게 될지 모르는데, 메리 크리스마스가 다 무슨 소용이란 말인가?"

스크루지는 가시 돋친 말을 내뱉고는 사무실 문을 쾅 닫고 나갔다.

아이들은 스크루지의 까칠한 행동에 놀라 멍하니 서 있었다.

"우아, 진짜 막 나가는 할아버지네."

장오가 분해하며 발을 굴렀다.

"우리 돈은 끝까지 안 주겠다는 거잖아."

현서도 화가 나서 얼굴이 붉으락푸르락 달아올랐다.

이루는 어처구니없는 상황에 한숨만 터져 나왔다.

"지금 가도 해 떨어지기 전까지 몇 시간은 일할 수 있을 거야."

밥이 아이들의 눈치를 살피며 조심스럽게 말을 건넸다.

아이들은 밥의 말을 듣는 둥 마는 둥 스크루지가 나간 문을 계속 노려보았다.

"남의 돈을 가져가 놓고 돈이 필요하면 일을 하라고? 흥칫뿡이다!"

"돈만 밝히는 노랭이, 구두쇠, 수전노 같으니라고!"

"저기, 얘들아. 안됐지만 사장님 말씀처럼 여기선 너희 정도 아이들 대부분이 일을 한단다. 처음 본 너희들에게 일자리를 소개해 주시다니, 사장님이 많이 변하셨어. 인정이 많아지셨지."

밥의 말에 아이들이 또다시 화가 나서 떠들어댔다.

"인정이 많다고요? 그렇게 인정 많은 분이 우리 돈은 왜 가로챈 걸까요?"

"아저씨는 난방도 안 되는 사무실에서 손이 시려 글씨도 제대로 못 쓰시잖아요. 제가 아까 다 봤거든요. 그런데도 사장이라고 편들다니, 바보 같아요."

장오와 현서는 스크루지를 편들기만 하는 밥이 한심해 보였다.

"나한테 화를 내도 소용없어. 어떻게 할래? 사장님의 지시이니, 우선 시청으로 가자. 일을 할지 말지는 그다음에 결정하렴."

아이들이 뭐라고 하든 밥은 사장인 스크루지의 지시를 성실히 해내려고 애썼다.

아이들은 서로의 얼굴을 번갈아 보았다.

"여기만 있는다고 유령을 만날 순 없을 것 같아."

현서의 말에 장오가 맞장구를 쳤다.

"맞아, 심술궂은 할아버지가 옐로우의 지폐를 돌려줄 것 같지도 않고."

"돈은 돌고 돌아서 돈이라는데, 우리가 일하고 받은 돈에 송이 금화가 섞여 있을 수도 있잖아."

이루가 다른 가능성을 제시했다.

아이들은 한참을 쑥덕거린 뒤에야 생각을 굳혔다.

"밥 아저씨, 우리가 시청에 가서 일할게요."

런던 시청은 스크루지 사무실에서 그리 멀지 않은 곳에 있었다. 템스강을 따라 가는 동안 아이들의 얼굴이 점점 어두워졌다. 강은 나무토막, 깨진 유리병, 오물, 폐수 등 온갖 더러운 것들이 살얼음과 함께 엉켜서 강인지 쓰레기장인지 분간되지 않았다.

그런 강 주변에서 도시 아이들이 쓰레기를 줍고 있었다. 어른들도 간간이 눈에 띄었다.

"얼음판 위를 걷다가 잘못하면 강에 빠질 수도 있겠어. 저렇게 더럽고 위험한 일을 아이들한테 시키다니."

현서는 고개를 절레절레 흔들었다.

"위험한 일이니까 돈은 많이 주겠지?"

이루의 말에 장오가 헛구역질을 해 댔다.

"웩! 아무리 돈을 많이 줘도 난 못 해."

밥은 시청의 쓰레기 관리 직원에게 새로운 '머드락스'라며 아이들을 소개해 주고 서둘러 돌아갔다.

"머드락스가 뭐야?"

장오가 나직이 현서의 귀에 대고 물었다.

"나도 몰라."

"진흙을 뒤지는 종달새란 뜻이야. 템스강에서 쓰레기를 줍는 아이들을 그렇게 부른단다. 쓰레기를 자루에 담아서 공터로 가지고 오렴. 주워 온 양에 따라 돈을 쳐주마."

시청 직원은 재빨리 아이들에게 자루를 하나씩 나눠 주고는, 건물 안으로 쌩하니 들어가 버렸다.

"아까 그 애들처럼 쓰레기를 주우라고? 옐로우의 지폐를 가져간 할아버지가 우릴 골탕 먹인 거야!"

장오는 스크루지에게 속았다며 분통을 터뜨렸다.

강에서 시궁창 냄새가 올라왔다. 역겨운 냄새에 다들 코를 틀어쥐었다.

"언제까지 이러고 있을 거야? 한 자루라도 채워서 배 좀 채우자."

현서가 먼저 나서자, 장오도 말없이 현서를 따라갔다.

"그래, 돈 벌어서 기똥차게 맛있는 거 사 먹자. 또 알아? 먹는 거 좋아하는 송이가 음식 냄새를 맡고 나타날지."

이루도 자루를 어깨에 둘러메고는 머드락스가 되어 보기로 했다.

쓰레기 줍는 일은 힘들고 위험했다. 살얼음에 발을 잘못 디디기라도 하면 더러운 강에 빠지는 건 순식간이었다.

"지금은 겨울이라 그래도 참을 만해. 여름엔 냄새가 더 지독하거든."

비쩍 마른 여자아이가 세 친구에게 다가와 말을 걸었다.

"혹시 너희들도 귀족들이 버린 값비싼 물건을 주우려고 왔니? 그런 희망은 버리는 게 좋을 거야."

"귀족들의 값비싼 물건이라고?"

"응! 그딴 거 찾다가 한 자루도 못 채우고 돌아가는 애들도 많거든."

"너도 머드락스야?"

현서는 빈 병이 가득 담긴 여자아이의 자루를 보며 물었다.

"응. 하나 더 알려 주자면, 그렇게 맨손으로 줍다가는 병균이 옮아 죽을 수도 있어."

"으악! 현서야, 얼른 이 장갑 껴."

그 말을 듣고 장오가 가방 안에 있던 자신의 털장갑 한 짝을 현서에게 내밀었다.

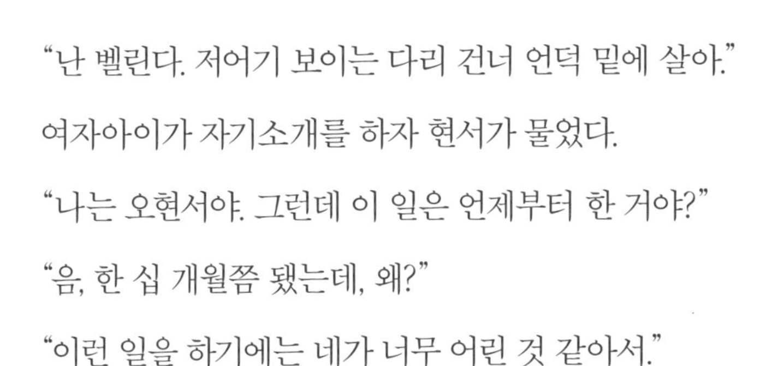

“난 벨린다. 저어기 보이는 다리 건너 언덕 밑에 살아.”

여자아이가 자기소개를 하자 현서가 물었다.

“나는 오현서야. 그런데 이 일은 언제부터 한 거야?”

“음, 한 십 개월쯤 됐는데, 왜?”

“이런 일을 하기에는 네가 너무 어린 것 같아서.”

현서는 걱정스러운 눈으로 벨린다를 쳐다봤다. 아이들에게 이런 일을 시키는 이 시대의 어른들이 도무지 이해가 되지 않았다.

"전엔 공장 기계에 기름 치는 일도 했어. 동생 팀이 방직기계* 에 끼어 다리를 다친 뒤로 아빠가 공장 일은 못하게 해. 위험하기로 치면, 그 일이나 이 일이나 비슷한데 말이야."

벨린다는 어른스러운 표정으로 현서와 아이들에게 설명해 줬다.

"방직 공장은 언제나 바쁘게 돌아가. 몸집이 작은 아이들은 항상 환영받지. 기계에 들어가 기름을 칠 수 있으니까. 게다가 돈을 조금 줘도 되고, 급여가 작다고 소란을 피우지도 않으니까."

"하지만 그런 일은 너무 위험하잖아."

이루가 얼굴을 찡그렸다.

"게다가 팀처럼 다쳐도 보상해 주지 않아."

벨린다의 말에 현서가 버럭 화를 냈다.

"하! 사람이 기계도 아닌데, 정말 너무하네."

---

*방직기계 : 실을 뽑아서 천을 짜는 기계예요. 주인공들이 도착한 1800년대 영국에서 면직물을 대량으로 생산하는 방직기계가 발명되었어요. 면직물 공업이 발전하면서 1차 산업 혁명이 시작되었어요.

벨린다의 이야기를 들을수록 아이들은 점점 더 화가 나서 어쩔 줄 몰라 했다.

벨린다는 아이들이 자기의 말에 귀 기울이고 호응해 주자, 점점 표정이 밝아졌다.

"너희들 마음에 든다. 저녁에 우리 집에 올래? 크리스마스 이브잖아."

벨린다의 초대에 장오가 입맛부터 다셨다.

"흐흐, 크리스마스이브니까 맛있는 음식도 많겠지?"

"그나저나 화폐관의 유령을 만나야 뭘 해도 할 텐데."

이루는 내내 송이 생각으로 마음이 불편했다.

"우리에겐 QR카드 목걸이가 있잖아. 유령이 먼저 우리를 알아볼 거야, 분명히!"

장오가 이루의 등을 토닥거려 주었다.

세 친구는 벨린다의 조언을 들으며 열심히 쓰레기를 주웠다. 한 자루라도 채우려면 바쁘게 움직여야 했다.

장난을 치던 장오가 강물에 빠질 뻔했지만 벨린다가 잡아줘서 무사할 수 있었다. 서로 도와 가며 자루를 가득 채운 아이들은 돈을 받으면 뭘 사 먹을지 얘기하며 공터로 향했다.

공터 한쪽에는 다른 머드락스들이 가져온 쓰레기 자루가

차곡차곡 쌓여 있었다. 셋은 벨린다가 알려 준 대로 자루를 갖다 놓고 차례를 기다렸다가 시청 직원이 건네주는 돈을 받았다.

"엥? 우리가 얼마나 힘들게 일했는데, 고작 동전 몇 닢밖에 안 줘요?"

돈을 세어 본 장오가 좀 더 달라고 떼를 썼다. 현서도 옆에서 같이 졸랐다.

"여기 쌓인 쓰레기를 처리하려면 얼마나 많은 비용이 드는지 알아? 이 일이 싫으면 다음부턴 하지 마."

시청 직원은 아쉬울 게 없다는 듯 매몰차게 말했다. 아이들은 쫓겨나듯 벨린다와 함께 쓰레기 수집소를 나왔다.

장오는 다시 한번 동전을 세어 보았다. 몇 시간 동안 일한 대가가 겨우 이 정도라니. 아빠가 힘들게 번 돈이니 아껴 써야 한다고 늘 말씀하시던 엄마가 생각났다.

"칫, 진짜 너무하다. 이 중에 금화라도 있어야 송이를 찾든가 말든가 하지."

이루가 동전을 내려다보며 코웃음을 쳤다.

"너희, 아까는 좀 멋있더라. 시청 직원한테 돈이 적다고 막 항의할 때 말이야. 저기, 다리 건너 종탑 보이지? 그 밑이 우리

집이야. 이따가 꼭 와."

벨린다는 종탑이 있는 곳을 향해 뒷걸음질로 걷다가 곧 돌아서서 뛰어갔다.

"우리도 슬슬 숑이를 찾으러 가야지. 일단 맛있는 냄새가 나는 곳으로, 출발!"

장오가 지친 이루와 현서의 어깨에 팔을 두르며 분위기를 띄웠다.

해가 저물자 거리가 어둑어둑했다. 골목에 들어서자 어디선가 빵 굽는 냄새가 났다.

"으으, 배고파."

셋 다 배 속이 요동쳤다. 고된 일을 하고 난 뒤라 하나같이 빵 냄새에 홀린 듯 걸었다. 하지만 어디서 빵을 굽는지 찾을 수 없었다.

"더 이상 못 걷겠어. 송이라면 빵집을 금세 찾아냈을 텐데."

현서는 다리가 후들거려서 바닥에 주저앉았다.

"현서야, 배 많이 고프지. 잠깐 기다려. 저기 과일가게에 가서 사과라도 사 올게."

근처 과일가게로 뛰어간 장오가 주인과 몇 마디 말을 주고받았다. 하지만 곧 어깨가 축 처져서 되돌아왔다.

"사과는? 샀어?"

현서가 주린 배를 움켜쥐고 물었다.

"이 돈으로는 사과를 한 개도 살 수 없대."

"그게 말이 돼? 사과 열 개는 사고도 남을 만큼 돈을 줘야 하는 거 아니냐고! 이건 노동 착취야, 착취!"

장오의 말이 끝나기가 무섭게 현서는 자기 머리를 움켜잡고 괴성을 질러댔다.

"에휴, 쓰레기 줍는 일은 아무나 할 수 있어서 가치가 없다잖아."

옆에 서 있던 이루가 포기한 듯 말했다.

"쓰레기를 치우는 게 가치 없는 일이라고? 누군가는 반드시 해야 하는데 모두 하기 싫은 일을 하는 건 가치 있는 거 아냐? 설사 그렇게 생각하지 않더라도 일을 했으면 정당한 대가를 줘야지. 더군다나 위험한 일이면 위험 수당까지 챙겨 줘야 한다고! 살얼음판 위에서 반나절을 일했는데 한 끼도 못 먹는다는 게 말이 돼?"

현서가 분통을 터뜨렸다.

"우리가 받은 돈을 다 모아야 사과 한 개를 살까 말까라니……. 하지만 현서 널 위해 내가, 짜잔!"

장오가 사과 한 알을 현서 앞에 내밀었다.

"엥, 벌레 먹은 사과잖아!"

"대신 싸게 샀어. 이곳만 잘라내고 같이 나눠 먹자, 응?"

"난 괜찮아, 장오야. 너 먹어."

현서가 눈을 찡그리며 손사래를 쳤다.

"이루, 넌?"

"나도 갑자기 배고픈 생각이 싹 사라졌어. 안 먹어도 될 것 같아."

"너희 나중에 서운해 마라. 진짜 나 혼자 다 먹는다아?"

장오가 입을 크게 벌렸다. 사과를 크게 한입 베어 물려다가 현서를 힐끔 보고는 조금만 먹었다. 그러고는 현서와 이루에게 사과를 한입씩 먹게 했다. 못 이기는 척 사과를 받아먹은 둘은 달콤한 과즙에 몸이 살살 녹는 것 같았다.

그때, 갑자기 이루의 목에 걸린 QR카드가 번쩍번쩍 빛을 냈다.

이루가 입속에 남아 있던 사과를 꿀꺽 삼켰다.

"얘, 얘들아, 저기 좀 봐. 저기 화폐관의 유령이……."

이루가 가리키는 곳을 보니 형광 빛을 띤 화폐관의 유령이 공중에 떠다니고 있었다.

드르륵, 드르륵. 챙챙, 창창. 드르륵. 철커덩.

유령은 괴상한 소리를 내며 QR카드의 빛을 따라 아이들 앞으로 스윽 다가왔다.

"다들, 여기 있었군. 한참 찾아다녔잖아."

꿀꺽

## 옐로우의 수업노트 · 03

영국 산업 혁명 시대의 노동자들은 위험하고 더러운 공장에서 하루 18시간씩 일을 했단다. 어린아이들도 마찬가지였지.

# 우린 여덟 시간만 일하려네

### 1) 일은 힘들기만 한 것일까?

인간은 노동을 통해 문명을 이룩하고 문화를 창조해 왔지. 동물과는 다르게 적극적으로 자연을 변화시켜 필요한 것을 얻었어. 노동을 해서 번 돈으로 자신과 가족의 생계를 꾸리고, 필요한 물건을 사고, 좋아하는 활동을 하면서 성취감과 보람을 느끼지. 그러나 나쁜 환경에서 긴 시간 쉬지도 못하고 일하거나, 원치 않는 노동을 하거나, 정당한 대우를 받지 못하고 일한다면 견디기 힘들 거야. 어떤 조건이냐에 따라 노동은 기쁨이 되기도 하고 고통이 되기도 해. 인간의 삶을 풍요롭고 의미 있게 만들어 주는 노동을 위해서 어떤 조건이 갖추어져야 할까?

### 2) 안정된 생활을 위한 최저 임금은?

국가는 국민들이 일하고 정당한 임금을 받을 수 있도록 제도를 만들어야 해. 우리나라 정부는 1986년 '최저 임금법'을 제정했어. 최저 임금은 일을 한 대가로 받아야 하는 최소한의 보수야. 노동자는 국가가 정한 최소한의 임금을 받을 권리가 있다는 것을 법으로 정한 것이지. 근로자를 고용하는 모든 사업자가 이 법을 지켜야 해. 이런 제도가 없다면 일을 하고도 정당한 대가를 받지 못하는 노동자들이 많아질 거야.

2019년 대한민국의 최저 임금은 시간당 8,350원이야. 그런데 기업가들은 최저 임금을 올리면 사업하기 어렵다고 주장해. 노동자들은 빈부의 차이를 줄이려면 최저 임금이 더 올라야 한다고 말하지. 안정된 생활을 할 수 있는 최저 임금은 얼마일까?

### 3)인권을 생각하는 노동 시간은?

1886년 5월 1일, 미국의 노동자들은 '하루 8시간 노동'을 요구하며 대규모 시위를 했어. 당시 노동자들은 쉴 틈 없이 일해도 먹고살기 어려운 생활에 시달렸지. 부당한 대우에 분노한 노동자들은 일을 중단하고 거리로 나왔어. 시위는 점점 커졌고, 수많은 노동자와 경찰이 충돌하기에 이르렀지. 그러던 중 시위대가 모여 있던 '헤이마켓 광장' 한복판에서 갑자기 폭탄이 터졌어. 광장에 있던 많은 사람들이 목숨을 잃었지.

아직도 누구의 범행인지 밝혀지지 않았지만, 이 일로 노동 운동 지도자들이 경찰에 체포되어 사형을 당했어. 이렇게 노동자의 권리를 위해 목숨 걸고 싸운 이들의 용기와 희생을 기리고 이어받기 위해, 국제노동자협회에서는 5월 1일을 '국제 노동절'로 정했단다.

우리도 햇빛을 보고 싶다네 ♪
꽃 냄새도 맡아 보고 싶다네
하느님이 내려 주신 축복인데
…
우리는 여덟 시간만 일하려네
여덟 시간은 휴식하고
남은 여덟 시간에는
하고 싶은 일을 해 보세

미국 헤이마켓 시위 현장과 시위 노동자들이 부른 노래

선사 시대 사람들은 하루 4~5시간만 일했어. 먹거리를 구한 후에는 더 이상 일해야 할 이유가 없었지. 고대 로마의 노예도 1년에 200일이 쉬는 날이었다고 해. 언제부터 사람들은 긴 시간 동안 일하게 된 걸까?
16세기 중세 시대가 끝나고 근대가 되면서 서구 사회에서는 놀고 쉬는 것이 나쁜 행동이라는 사회적 분위기가 조성되었어. '근면, 성실'이 최고의 가치가 되었지. '노동은 신성한 것'이라는 생각이 사회를 지배하게 되면서 노동 시간이 점점 길어진 거야. 같은 시기, 영국 작가 토마스 모어는 소설 『유토피아』에서 하루 6시간만 일하는 행복한 세상을 그렸어.
하지만 18세기 산업 혁명이 시작되면서 노동을 신성시하는 사회 분위기와 자본가의 욕심이 맞물려서 상황이 더욱 안 좋아졌지. 노동자들은 하루 18시간을 기계처럼 일해야 했지. 세계 각국의 노동자들은 노동 시간을 줄이려고 오랜 세월 끊임없이 싸워 왔어. 그 결과 1919년 미국에서 열린 국제노동기구(ILO)의 제1회 총회에서 '1일 8시간, 주 48시간 노동'이라는 기준이 만들어졌어. 한국의 노동자들은 OECD* 국가의 평균 노동 시간보다 무려 1년에 한 달 보름을 더 일한다는 통계가 발표되었을 때 우리나라 사람들은 충격에 빠졌지. 일과 삶이 균형을 이루는 사회를 만들어야 한다는 목소리가 커지면서 2019년 '주 52시간 근무제'가 도입되었어.

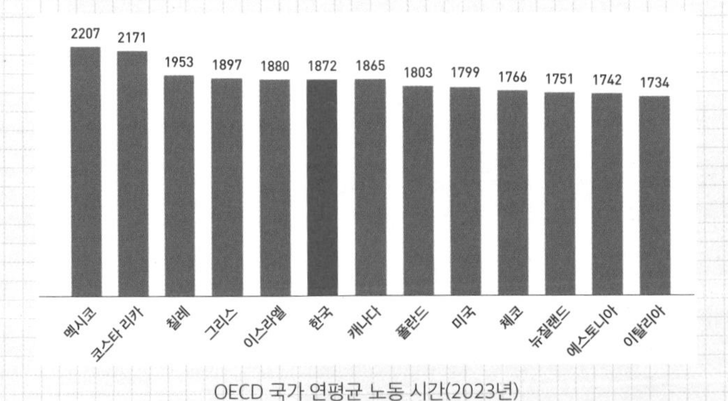

OECD 국가 연평균 노동 시간(2023년)

*OECD : '국제경제협력개발기구'의 약자예요. 국가 간에 경제적으로 협력하고 성장해 나가기 위해 주요 선진국들이 함께 만들었어요. 우리나라는 1996년에 회원국으로 가입했어요.

### 4) 아동 인권 보호를 위한 아동 노동 금지 규약

1989년 유엔에 가입한 모든 나라들은 '아동권리협약'을 만장일치로 채택했어. 이 협약은 만 18세가 안 된 모든 어린이와 청소년의 인권을 보호하기 위한 약속이야. 협약의 제32조에서 '아동은 위험하거나 교육에 방해되는 노동을 해서는 안 된다'고 밝히고 있지. 또한 국제노동기구는 2002년부터 매년 6월 12일을 '세계 아동노동 반대의 날'로 지정했단다. 그래서 아동 노동이 사라졌냐고? 아니. 지금도 세계 아동 인구의 60% 이상이 교육을 받지 못한 채 위험한 노동에 시달리고 있단다.

1996년 미국 잡지《라이프》에 파키스탄 어린이가 나이키 운동화를 만드는 사진 한 장이 실렸어. 축구공을 차고 놀아야 할 어린이가 작은 손으로 바느질을 해서 축구공을 만들고 있는 것을 본 소비자와 시민단체들은 나이키에 항의했지. 그 뒤로 나이키는 아동 노동자들을 고용하지 않기로 했어. 그런데 일자리를 잃은 아이들은 노동 조건이 더 좋지 않은 곳에 가서 일을 하게 되었대. '아동 노동이 없는 미래'가 가능할까? 우리가 할 수 있는 일은 무엇일까?

출처: Life Magazine 1996

유엔 아동권리협약

안전하고 건강하게 자랄 권리
폭력으로부터 보호받을 권리
처벌받지 않고 존중받을 권리
의견을 말하고 참여할 권리
교육받을 권리와 놀 권리

5

## 스크루지 말리 상회

아이들은 등골이 오싹했다. 화폐관의 유령을 만나면 반가울 줄 알았다. 하지만 막상 눈앞에 나타나니 반갑기는커녕 온몸의 털이 뾰족뾰족 곤두서는 것 같았다.

유령이 움직일 때마다 몸에 매달린 쇠붙이들이 부딪치며 날카로운 소리를 냈다.

"켁, 켁켁!"

장오가 목에 걸린 사과를 토하듯이 뱉어냈다.

"화폐관의 유령이 아니라 철물점 유령 같아."

현서는 소리에 소름이 끼쳐서 두 손으로 귀를 막았다.

유령을 이렇게 가까이에서 보기는 처음이었다. 검은 눈자위는 퀭하고, 광대뼈가 튀어나올 듯 툭 불거져 있었으며, 흰 머리는 치렁치렁 산발이었다. 쇠사슬로 온몸을 칭칭 감았는데, 거기에는 돈궤와 열쇠, 자물쇠, 철가방, 장부 등이 굴비처럼 엮여 있었다.

"계속 찾아다녔는데 어디서 뭘 하고 돌아다닌 거냐? 너희가 안 따라왔으면 어쩌나 걱정했는데……."

유령이 가느다란 목소리로 느릿느릿 말했다.

"우리를 찾아다녔다고요? 왜, 왜요? 우리는 잘못한 게 없는데……."

"내가 송이를 데려왔다는 걸 너희가 알잖니."

"아, 맞다. 송이!"

유령의 등장에 놀란 나머지 아이들은 송이를 깜박 잊고 있었다.

"그게, 옐로우 선생님이 옐로우의 지폐를 가지고 있으면, 옐로우 할아버지가……, 아니, 유령이 우리를 찾을 거라고."

장오가 횡설수설하자 현서가 말을 끊고 나섰다.

"송이를 돌려줘요, 어서."

"얘들아, 그 전에 먼저 내 얘기를 들어 다오."

"무슨 얘기를 들어 달란 거죠?"

현서가 주먹을 불끈 쥐고 물었다.

"내가 송이를 데려온 건, 너희가 어려운 숙제를 도와줄 수 있을 것 같아서야."

무슨 사연인지 유령은 뼈만 남은 앙상한 손으로 눈물을 훔치는 시늉을 했다.

"숙제요? 난 숙제가 제일 싫은데."

장오가 얼굴을 찡그리며 신발 끝으로 땅바닥을 툭툭 찼다.

"크리스마스 유령이 스크루지에게 내준 숙제를 너희라면 분명히 도와줄 수 있을 거야."

"네에? 스크루지라고요?"

화폐관의 유령 입에서 스크루지란 말이 나오자 아이들 눈이 휘둥그레졌다.

"그래, 스크루지. 하나밖에 없는 내 친구지."

"그럼, 당신이 말리 유령?"

책 이야기를 알고 있는 현서가 깜짝 놀라며 묻자 유령이 고개를 끄덕거렸다.

"내가 누군지 아는 걸 보니, 스크루지도 잘 알겠구나."

"우리 돈을 꿀꺽 삼키고, 시궁창 냄새나는 곳에서 쓰레기를 줍게 만든 구두쇠, 수전노죠."

장오가 팔짱을 낀 채 못마땅한 얼굴을 했다.

"꿀꺽이라니? 너희 돈을 스크루지가 빼앗았단 말이니?"

"아, 아니에요. 일을 소개해 준 거예요."

유령이 스크루지의 친구라면 나쁜 말은 안 하는 게 좋겠다고 이루는 생각했다.

"그렇지? 스크루지가 구두쇠이긴 해도 남의 돈을 가로채는 짓은 안 해. 게다가 지금은 좋은 사람이 되기 위해 노력하는 중이거든. 요즘은 크리스마스 유령이 내 준 숙제 때문에 신경이 날카롭긴 하지만."

말리 유령은 스크루지를 감싸고돌았다.

"저흰 스크루지의 숙제 따위는 관심 없어요. 송이나 어서 돌려줘요."

현서는 부리부리한 눈에 힘을 팍 주고 유령을 노려보았다.

"그냥은 안 돼. 난 돈이 되고 싶어 하는 송이의 소원을 들어주었을 뿐이거든. 하지만 너희가 내 부탁을 들어준다면 나도 너희 부탁을 들어줄 마음이 있는데, 어떠냐?"

"우와, 완전 협박이시네!"

장오가 기가 막힌 듯 혀를 내둘렀다.

"스크루지가 정해진 시간 안에 크리스마스 유령이 내준 숙제를 마칠 수 있게만 도와 다오. 그러면 송이를 너희에게 돌려보내 주마."

"좋아요, 숙제가 뭔지 얘기부터 들어 보죠."

이루는 화를 내봤자 소용없을 것 같았다. 차라리 이야기를 듣고 협상하는 게 낫겠다 싶었다.

"스크루지가 크리스마스 유령을 만났다는 건 너희도 알 거야."

"알죠. 책에서 스크루지는 크리스마스 전날 밤에 과거와 현재 그리고 미래의 유령을 만났었죠. 그런데요?"

현서가 말리 유령의 다음 말을 재촉했다.

"미래에 갔을 때 스크루지는 자신의 죽음을 두고 손가락질하는 사람들을 보았단다. 죽을 때 돈을 싸 가지도 못할 거면서 악착같이 모으기만 했다고 모두들 스크루지를 비웃었지. 누구 하나 슬퍼하는 사람이 없었어. 스크루지의 물건을 훔쳐 가는 사람들도 많았지. 스크루지는 지난날을 후회하며 펑펑 울었단다. 이렇게 죽고 싶지 않다며 기회를 달라고 크리스마스 유령에게 매달렸지."

말리 유령은 앙상한 손으로 눈물을 훔치면서 계속 말을 이었다.

"사실 내 죽음도 똑같았단다. 나도 스크루지만큼 지독한 구두쇠였어. 우리는 '스크루지 말리 상회'를 함께 세웠단다. 정부에서 보조를 받은 덕분에 회사가 크게 성장했고 곧 부자가 되었지."

"돈을 많이 벌었으면, 이웃을 위한 일도 했으면 좋았잖아요."

"맞아. 그랬으면 장례식에 온 사람들이 슬퍼했겠지. 눈물 한 방울이 뭐야, 한 양동이는 흘렸을걸."

"혼자만 잘 먹고 잘살겠다고 굴면 누가 좋아하겠어요."

현서와 장오는 주거니 받거니 하면서 말리 유령과 스크루지를 비난했다.

"너희 말이 맞아. 이웃이 낸 세금으로 기업을 키우고 돈을 벌었으면서 어려운 이웃들을 나 몰라라 했지. 평생 돈 버는 일만 생각하고 욕심만 채우다 끝내는 이런 비참한 몰골이 된 거야."

말리 유령은 또 눈물을 훔쳤다.

# '스크루지 말리 상회' 성공 신화

"그래서 스크루지는 크리스마스 유령에게 멋진 장례식을 약속받았나요?"

이루가 호기심 어린 눈으로 물었다.

"그랬지. 하지만 세상에 거저 얻을 수 있는 건 없단다. 스크루지는 다시 한번 잘 살아볼 수 있는 기회를 얻는 대신 숙제를 받았어."

## '이웃과 함께하는 행복한 사업 계획서'

"이게 바로 크리스마스 유령이 내준 숙제야."

"에이, 그리 어려운 일도 아니네요, 뭐. 그 할아버지는 돈이 많으니까 이웃에게 똑같이 나눠 주겠다고 하면 되겠네요."

스크루지에게 심통이 난 데다 여기까지 와서 숙제를 하라고 하니, 장오는 이 상황을 대충 넘기고 싶었다.

"사업을 계획해야 한다잖아. 돈을 그냥 나눠 주는 건 사업이 아냐."

이루는 사업 계획이 간단하지 않다는 걸 어렴풋이나마 알고 있었다.

"돈을 나눠 주면 그때 잠깐은 좋겠지만 금세 없어지고 말아.

지속적으로 잘 살 수 있는 시스템을 만들어야지. 크리스마스 유령이 원하는 사업도 바로 그런 걸 거야."

진지한 이루와는 달리 장오는 어떻게든 이 숙제를 피하려고만 했다.

"두 분은 사업가잖아요. 저희보다 아는 게 많으니까, 훨씬 잘하실 수 있을 거예요."

하지만 유령은 고개를 저었다.

"우린 평생 돈 되는 사업을 위해서만 머리를 굴렸단다. '이웃과 함께하는 행복한 사업?' 솔직히 모르겠구나. 나와 스크루지에겐 너무나 어려운 문제야."

이루가 쑥스러운 듯 머리를 긁적이며 나섰다.

"그 숙제를 어쩌면 도와드릴 수 있을 것 같아요. 사실 제 꿈이 기업가거든요."

"오! 듣던 중 반가운 말이구나. 역시, 나는 사람 보는 눈이 있어. 어서 가서, 이 기쁜 소식을 스크루지한테 전하자! 약속한 시간이 다가오는데 숙제를 못하고 있으니 혼자서 죽을 맛일 거야."

"사업 계획서를 만들 수 있게 돕기만 하면 되는 거죠? 그 후엔 딴말 안 하시는 거죠?"

이루가 다시 한번 확인했다.

"그렇단다. 사업 계획만 통과되면 실천하는 것은 스크루지의 몫이란다. 그러니 어서 스크루지한테 가자꾸나."

말리 유령이 서둘러 앞장섰다.

하지만 장오는 여전히 못마땅한 얼굴로 망설였다.

"이건 스크루지를 위해서가 아냐. 송이를 구하기 위해서라고!"

송이가 금화로 변한 게 자기 때문이라고 생각하는 이루가 장오를 설득했다.

"알았어. 가면 되잖아. 대신, 그 할아버지가 옐로우의 지폐

를 돌려주고 사과도 해야 해. 그 전에는 절대 돕지 않을 거야."

한편 스크루지는 실내복으로 갈아입지도 못한 채 서재의 책상 앞에 앉아 있었다. 까만 잉크가 입 주변으로 번지는 것도 모른 채 펜을 입에 물고 머리를 쥐어짰다. 뭔가 생각이 난 듯 펜을 종이 위로 가져가곤 했지만, 갈팡질팡하다가 끝내 아무것도 적지 못했다.

스크루지는 절망에 사로잡혀 머리카락을 움켜쥐고 책상에 앉아 한탄했다.

"흐윽, 다 끝났어. 다들 내가 죽기만을 바라겠지? 내가 죽고 나면 힘들게 모은 내 돈을 멋대로 가져다가 흥청망청 써 버릴 거야. 아끼는 내 물건도 마음대로 팔아 버릴 거고. 아, 이렇게 허망하게 죽어야 하다니……."

**옐로우의 수업노트 · 04**

회사를 만들고 경영하는 일은 고난과 역경을 이겨 내는 과정이지.
'기업가 정신'에 대해 알아 두면 힘들 때 도움이 될 거야.

# 혁신과 나눔의 기업가 정신

### 1) 좋은 기업을 만드는 생각, 기업가 정신

창업을 하려는 사람들이 염두에 두어야 할 두 가지 생각이 있어. 첫 번째는 공정하게 경쟁하여 이윤을 창출하고, 소비자에게 좋은 물건을 판매하겠다는 '기업 윤리'야. 두 번째는 기업을 성공시키고, 사회를 변화시킬 혁신이 무엇인지 찾아가는 '기업가 정신'이지.

기업가는 일반 사람들이 대수롭지 않게 여기는 것에서 새로운 가치를 찾을 수 있어야 해. 새로운 생산 방법을 고민하고, 새로운 방식의 시장을 개척해 나가는 기업가들이 세상의 변화를 이끌어 왔어. 기업은 이윤 추구만 하면 되는 게 아니냐고? 기업가의 행동과 생각은 제품을 통해 드러나고 사회에 커다란 영향을 미쳐. 회사의 생존뿐 아니라 직원, 소비자, 투자자의 삶과도 밀접하게 연결되어 있지. 이 점을 늘 기억하고 사회적 책임을 인식해야 한단다.

그러나 꼭 큰 기업의 경영자나 한 회사의 사장만 '기업가 정신'을 갖춰야 하는 건 아니야. 1인 기업가나 회사의 직원도 자신의 일을 더 좋은 방향으로 이끌어 나가기 위해서 '기업가 정신'을 배워 둘 필요가 있어. 스스로의 미래를 준비하고 개척해 나가야 할 어린이들에게도 큰 도움이 될 거야. 미래는 개인이 하나의 브랜드이자 기업인 시대가 될 테니까.

**기업가 정신 1. 생각을 현실로 바꾸는 끊임없는 도전**

우리가 알고 있는 발명왕 에디슨은 전기회사를 창업한 기업가이기도 해. 에디슨이 설립한 전기조명회사는 성장을 거듭하여 지금은 세계적인 첨단 기술 기업인 제너럴 일렉트릭(GE)이 되었어. 그의 수많은 발명품 중 특히 백열전구는 어두운 세상을 바꾸어 놓은 그야말로 혁신적인 제품이야. 백열전구를 만드는 원리는 간단하지만 실제 사용 가능한 제품을 만드는 일은 무척 어렵고 고된 작업이었어. 전류를 흐르게 하면 필라멘트가 금방 타 버렸거든.

에디슨은 철, 백금, 머리카락 등 무려 6천여 종이 넘는 소재로 1천 번 이상의 실험 끝에 마침내 15시간 동안 켜져 있는 밝은 백열전구를 성공시켰어. 초나 석유로 실내를 밝혔던 불편한 시대는 저물고, 집집마다 전기 조명을 밝히는 편리한 시대가 시작되었지. 에디슨 외에도 많은 과학자들이 전기를 이용하면 효율적인 전구를 발명할 수 있다고 주장했지만, 실제 널리 사용되는 백열전구를 완성한 사람은 에디슨이 유일했지.

사용 가능한 백열전구를 발명해서
시장에 내놓은 기업가 에디슨

**기업가 정신 2. 새로운 세상을 여는 창의적인 생각**

지금은 어느 집이나 컴퓨터가 있지만 불과 40년 전만 해도 컴퓨터는 복잡하고 거대한 기계였어. 정부, 대학교, 대기업에만 있었고 전문가만 다룰 수 있었지. 스티브 잡스와 동업자 워즈니악은 컴퓨터를 작고 편리하게 만들면 일반인들도 충분히 사용할 수 있을 거라고 생각했어. 그들의 생각은 적중했지. "26세 청년 스티브 잡스가 개인 컴퓨터 산업을 창조했다." 애플 컴퓨터가 출시된 지 5년 뒤인 1982년의 잡지 기사야.

스티브 잡스가 창조한 또 하나의 새로운 시장은 2006년 아이폰으로부터 시작되었어. 그는 사람들이 많이 사용하던 휴대 전화와 인터넷 통신기기를 합쳐서 터치로 제어할 수 있는 작고 편리하고 똑똑한 아이폰을 개발했어. 그 후, 흔히 '앱'이라고 불리는 애플리케이션 시장이 크게 열렸어. 지금은 쇼핑, 교육, 게임, 동영상, 네트워크, 길 찾기 등 생활을 편리하고 재미있게 만드는 다양한 앱이 무수히 개발되고 있지.

우리는 의식하지 못한 채 스티브 잡스가 만들어 낸 새로운 세상을 누리고 있어. 손안에 있는 작은 기계 하나로 이렇게 많은 일을 하게 될 줄은 상상하기 어려웠어.

개인 컴퓨터 산업을 발달시킨 애플 컴퓨터의 스티브 잡스와
세상에 없던 애플리케이션 시장을 만든 아이폰

**기업가 정신 3. 행복한 세상을 만드는 착한 생각**

블레이크 마이코스키는 아르헨티나로 여행을 떠나면서 남미의 태양 아래서 초원으로부터 불어오는 바람을 즐기리라 상상했지. 그런데 정작 여행지에 도착해서 맨발로 뛰어다니는 아이들을 만난 후로는 여행이 즐겁지 않았어. 신발이 없어서 맨발로 다니던 아이들의 발은 상처투성이였어. 세균과 기생충에 감염되어 심각한 병이 걸린 아이들도 있었지. 여행에서 돌아온 후 그는 아이들에게 지속적으로 신발을 기부할 수 있는 방법을 고민했어. 그러다 기발한 사업 아이템을 생각해 냈지. 바로 소비자가 신발 한 켤레를 사면, 가난한 나라의 아이들에게 신발 한 켤레가 기부되는 일대일 기부 회사 '탐스'였지.

출처 : medium.com / black-mycoskie

소비자들은 탐스의 착한 생각에 공감했고 창립 8년 만에 천만 켤레나 되는 신발을 맨발의 아이들에게 전달할 수 있었단다. 지금 탐스는 일대일 기부 방식을 확장하고 있어. 소비자들은 선글라스를 사는 것으로 가난한 사람들의 시력을 되찾아 주는 일에 동참할 수 있고, 커피를 사면 커피콩을 생산하는 나라에 마실 물을 기부할 수도 있단다. 블레이크가 생각해 낸 '일대일 기부'는 사회적 책임을 고민하는 기업들에게 많은 영감을 주고 있어.

6

## 뭐라도 알아야 계획을 세우지

"스크루지, 내가 왔네!"

말리 유령의 목소리가 스크루지의 서재에 쩌렁쩌렁 울렸다.

깜짝 놀란 스크루지는 바닥에 엎드린 채 덜덜 떨었다. 검은 입술 사이로 앓는 소리가 새어 나왔다.

"시간을 좀 더 주십시오, 유령님. 안 하려는 게 아니라 아직 못한 겁니다. 생각할 시간을 조금만 더, 제발 부탁드립니다."

"이보게 친구, 날세. 말리라네."

"어엉? 마, 말리라고?"

스크루지가 고개를 들었다. 하지만 유령의 해괴한 모습에 놀라 마룻바닥에 이마를 찧었다.

"친구, 무서워 말게나. 작년에도 이런 나를 만났지 않았나."

심장이 콩알만 해진 스크루지는 친구 말리의 얼굴을 확인하고서야 마음을 놓았다.

"그, 그래. 내 친구 말리가 맞구먼. 난 크리스마스 유령이 온 줄 알았지 뭔가. 으흑, 이제 곧 나타나서 사업 계획서를 내놓으라고 다그치겠지. 내 손엔 여전히 빈 종이뿐인데……."

"걱정 말게. 내가 자네를 도와줄 똘똘한 친구들을 데려왔네."

"날 도와줄 친구들? 그게 정말인가? 고맙네, 정말 고마워. 말리 자네는 역시 내 친구야."

스크루지가 기뻐하고 있는데 장오가 인기척을 냈다.

"흠흠."

고개를 돌려 아이들을 본 스크루지가 어리둥절해했다.

"어, 낮에 내 사무실에 왔던 아이들인데……. 얘들이 왜 자네와 함께 있나?"

"이 아이들이 크리스마스 유령의 숙제를 도와주기로 약속했다네."

스크루지는 실망한 표정을 지었다.

"뭐어? 이 어린애들이 나를 돕는다고?"

그러고는 깔깔거리며 비웃기 시작했다.

"말리 유령님, 스크루지 할아버지를 돕겠다는 약속은 없던 걸로 하는 게 좋겠어요."

장오가 스크루지를 노려보며 말했다.

"얘들아, 미안하구나. 스크루지, 자네도 그만 웃게! 그리고 자네가 가져간 이 아이들의 돈도 돌려주고, 쓰레기를 줍게 한 것도 어서 사과하게."

"무슨 소리! 그건 엄연히 내 돈이고, 일은 소개를 해 준 것뿐이라네. 돈이 필요한 것 같아서 도왔더니 뭐어, 사과를 하라고?"

말리 유령의 요구에 스크루지가 정색을 했다.

"지금 고집부릴 때가 아니네. 누구보다 시간이 촉박한 건 자네잖나?"

말리 유령은 아이들의 눈치를 살피며 목소리를 낮춰 스크루지를 구슬렸다.

스크루지는 한참 동안 머리를 굴리다가 대답했다.

"좋아, 사과하겠네."

여전히 아이들을 믿지 못하는 눈치였지만 지금 아쉬운 쪽은 스크루지 자신이라는 걸 인정하는 듯했다.

"얘들아, 아까 낮엔 내가 미안했다. 숙제 때문에 신경이 곤두서 있어서 그만……. 내 사과를 받아주면 고맙겠구나."

스크루지가 차분하게 용서를 구했다. 진심이든 진심이 아니든 사과를 하는 태도는 나무랄 데 없었다.

"좋아요. 할아버지 사과를 받을게요. 그렇다고 너무 좋아하지는 마세요. 우리 마음이 다 풀린 건 아니니까."

장오가 팔짱을 낀 채 거들먹거렸다.

"자, 이젠 주셔야죠. 우리 돈!"

옆에서 이루가 손을 내밀었다.

스크루지는 지갑에 넣어 두었던 옐로우의 지폐를 꺼냈지만 아이들에게 건네지 않았다.

장오가 지폐를 낚아채려고 하자 오히려 돈을 높이 쳐들었다. 약이 오른 장오는 펄쩍 뛰었다. 아쉽게도 키가 닿지 않았다. 이루와 현서까지 합세했지만 스크루지는 돈을 뺏기지 않았다.

"어서 줘요! 달라고요."

화가 난 아이들이 아우성을 쳤다.

"흠! 돈은 숙제를 마친 다음에 주도록 하마."

역시 스크루지는 만만치 않은 장사꾼이었다.

나 원~
참~.
어떻게
좀 해 봐요.
줘요!!
줘요!!
잠깐 돈 받고
입 싹 닦는 거
아냐?

"헐! 도와주려고 했던 마음이 싹 사라지네."

장오가 식식대며 말했다.

"좋아요. 대신, 약속을 어기면 그땐 우리도 마음대로 할 거예요."

이루는 스크루지에게 다짐을 받으면서 말리 유령의 목에 걸린 송이 금화를 힐끗 보았다. 송이에게 돈을 갚으라고 다그치기만 했지, 왜 약속을 지키지 못했는지 물어보지 않았었다. 괜히 더 미안해졌다.

"알았으니 이제 그만 숙제를 하자. 새벽 두 시까지는 숙제를 마쳐야 되거든."

스크루지는 모아 둔 자료들을 보여 주겠다면서 호들갑을 떨었다. 혼자가 아니라고 생각해서인지 얼굴도 한결 부드럽고 밝아졌다.

"새벽 두 시면 아직 시간은 충분하네."

장오는 스크루지 들으라고 일부러 여유를 부렸다. 스크루지가 괘씸한 눈으로 장오를 노려봤고, 둘의 눈싸움은 한참이나 계속되었다.

"어떤 사업을 계획해야 크리스마스 유령이 만족할까?"

이루는 마치 자기 사업을 계획하는 것처럼 진지하게 생각했다.

"내용이 아무리 좋아도 스크루지 할아버지가 실천할 수 없으면 소용없을 거야. 실천도 못할 거면서 계획만 그럴듯한 사업 계획서가 무슨 소용이 있겠어."

현서는 눈에 힘을 준 채 이리저리 머리를 굴렸다.

"제 시간에 숙제만 낼 수 있다면 난 뭐든 할 수 있어."

스크루지가 검은 잉크가 묻은 얼굴 그대로 아이들 주변을 서성이며 말했다.

"찬물에 세수 좀 하시면 스크루지 할아버지도 좋은 생각이 날 거예요."

이루의 제안에 스크루지는 세면대로 쪼르르 달려갔다가 금세 얼굴을 닦고 돌아와서는 그사이 뭘 했는지 보여 달라고 채근했다. 장오가 일부러 팔을 벌려 보지 못하게 가로막았다.

"아휴, 수선 피우지 말고 자네는 여기 와서 좀 앉아 있게."

말리 유령은 이러다가 아이들이 안 한다고 할까 봐, 얼른 스크루지를 데려다 소파에 앉혔다.

"저 아이들이 과연 해낼 수 있을까? 영 신통치 않아 보이는데. 특히 장어인지 정어리인지 그 아이 말이야. 다른 데로 좀 보내면 안 되겠나?"

스크루지가 장오를 노려보며 불평을 늘어놓았다.

"조급하게 굴지 말고 기다려 보게나."

말리 유령은 스크루지를 달래며 희미하게 웃었다.

"후우……."

스크루지는 벽에 걸린 시계를 쳐다보면서 연신 한숨을 내쉬었다. 쇠사슬에 칭칭 감긴 말리 유령을 보고 있자니 남의 일 같지 않았다. 초조해질 때마다 자꾸 아이들 곁으로 가서 참견을 하다가 소파로 밀려나길 반복했다.

**스크루지처럼 돈이 많으면 진짜 좋을 텐데,**
**내 빚도, 우리 집 대출금도 금방 갚고 말야.**

아이들은 아이들대로 바닥에 엉덩이를 붙이고 앉아서 머리를 맞대고 의견을 나누었다. 하지만 아무리 고민해도 뾰족한 생각이 떠오르지 않았다.

"여기는 1800년대의 런던이야. 우리가 사는 시대와는 달라도 너무 달라. 이곳 사정을 모르는데 어떻게 사업 계획을 세울 수 있겠어."

"현서 말이 맞아. 그렇다면 시장 조사를 해야겠어. 사람들에게 필요한 게 뭔지 알아보는 게 우선이야."

이루가 침착하게 말했다.

"여기 사람들이라고 우리랑 다르겠어? 맛있는 거 먹고, 신나게 놀고, 행복하게 살고 싶겠지."

장오가 이루 목에 걸린 QR카드 목걸이를 손끝으로 톡톡 치며 대수롭지 않게 말했다.

"좋은 생각이 났어!"

이루가 벌떡 일어나서 소파에 앉아 있는 스크루지에게 다가갔다. 스크루지는 벌써 숙제를 완성했냐면서 기뻐했다.

"성급하시긴. 그게 아니고요. 여기 사람들이 원하는 게 뭔지 알고 싶어요."

"그거야, 돈이지. 돈만 있으면 원하는 건 뭐든 할 수 있잖아."

스크루지가 간단하게 대답했다.

"아니, 돈이 있을 때 하고 싶은 그게 뭐냐고요."

"그거야 돈이 돈을 벌게 하는 일이지. 돈을 많이 벌면 좋잖아."

"으으윽, 돈만 아는 구두쇠! 짠돌이!"

장오는 더는 못 참겠다는 듯 스크루지를 따라다니며 핀잔을 주었다.

"할아버지 장례식에 온 사람들이 왜 기뻐했는지, 제발 반성 좀 하세요."

"이상하다. 내 말이 틀린 게 없을 텐데……."

스크루지는 고개를 갸우뚱거리며 장오를 피해 다시 소파로 자리를 옮겼다.

"혹시 스크루지 할아버지 옛날 사진이 있나요? 사진을 보면 뭔가 떠오를 것 같아요."

이번에는 현서가 말리 유령에게 부탁했다.

"안됐다만 사진은 없단다. 사진 한 장 찍자면 돈이 엄청 많이 드는데, 스크루지가 그런 데 돈을 썼을 리 없지. 그 대신 내게 아주 좋은 생각이 있어. 나와 함께 과거의 스크루지를 만나러 가자."

"와! 좋아요. 우리가 과거로 가는 건가요?"

시간 여행을 할 수 있다는 기대감 때문에 아이들은 폴짝폴짝 뛰며 환호성을 질렀다.

"이보게 말리, 몇 시간 후면 유령이 들이닥칠 텐데, 대체 어딜 간다는 건가?"

스크루지가 볼멘소리를 했다.

"저 친구는 신경 쓰지 말고 우리끼리 가자꾸나. 꾸물댈 시간이 없어. 어서, 내 손을 잡아라!"

말리 유령이 이루의 손을 잡았다. 이루가 장오의 손을 잡고, 장오가 다시 현서의 손을 잡자 말리 유령은 창문을 훌쩍 뛰어넘어 하늘을 향해 날아올랐다.

그 광경을 본 스크루지가 소파에서 벌떡 일어났다. 허둥지둥 쫓아가 창문을 빠져나가는 현서의 다리를 잡았다.

"으으, 아아악……!"

"와, 날고 있어요, 우리가!"

차가운 런던의 밤하늘에 스크루지의 괴성과 아이들의 환호성이 울려 퍼졌다.

아아악!!

**옐로우의 수업노트 · 05**

친구들이 도착한 영국 런던은 1차 산업 혁명이 한창인 때야.
어떤 일이 일어나고 있었는지 런던 사람들에게 직접 들어 볼까.

## 그때, 영국에선 무슨 일이 있었나?

**말리 유령** : 새로운 기술이 등장해서 산업의 구조가 크게 변하는 것을 산업 혁명이라고 해. 1차 산업 혁명 때는 기계가 발명되었어. 손으로 물건을 만들던 시대에서 기계로 물건을 대량 생산하는 시대로 바뀌었지. 산업의 급격한 변화는 사람들의 삶도 크게 바꾸어 놓았단다. 지금 너희들은 1차 산업 혁명의 중심지인 영국의 런던에 와 있는 거야.

**이루** : 맙소사! 인공 지능, 빅데이터, 블록체인 등 4차 산업 혁명 시대를 살고 있는 우리가 시간을 거슬러 1차 산업 혁명 시대로 오다니!

**현서** : 1차 산업 혁명은 어떻게 일어나게 된 건가요?

**런던 시민** : 원래 영국 사람들은 양털로 짠 모직물을 주로 사용했어. 그런데 인도에서 수입된 면직물을 사용해 보니 아주 편하더라고. 손쉽게 빨 수 있고 값도 쌌지. 너도나도 면직물을 사려고 했지만 쉽게 구할 수 없었어. 손으로 일일이 실을 뽑고 천을 짜야 했으니까.

**스크루지** : 그때, 사업가들은 어떻게 하면 면직물을 많이 생산할 수 있을까 생각했지. 자동으로 돌아가는 방직기와 방적기를 발명한 사람도 있었어. 그러던 중 증기 기관이 발명된 거야. 증기

기관으로 기계를 돌리니, 엄청 빠른 속도로 대량의 면직물을 생산할 수 있게 되었단다. 아쉽다, 아쉬워! 그때 나도 면직물 사업을 했어야 했는데.

**말리 유령** : 여기저기 공장이 들어서니 기계를 돌리기 위해 석탄 공업과 제철 공업이 발전했어. 증기 기관차는 원료와 상품을 빠르게 운반했지. 전선과 전화도 이때 발명되었어. 그야말로 기계가 사람들의 삶을 완전히 바꾸어 놓았지.

**장오** : 기계 때문에 사람들의 삶이 편해졌겠어요.

**말리 유령** : 기술의 혜택을 누리는 사람들의 생활이 편리해졌지. 시대의 변화에 발 빠르게 움직인 사람들은 돈도 많이 벌었어. 그렇지만 대다수의 보통 사람들은 급작스러운 변화 때문에 더 살기 힘들어졌어. 기계와 경쟁해서 이길 방법을 찾지 못했으니 더욱 가난해질 수밖에. 돈을 번 부자와 더 가난해진 일반 서민들 사이의 소득 수준은 점점 벌어져서 빈부 격차가 심해졌단다.

**공장 노동자** (원래 직업 농부) : 어느 날 땅 주인이 기계를 들여와서 농사를 짓기 시작했어. 그 뒤로 나와 이웃들에겐 땅을 빌려주지 않았어. 우리는 더 이상 농부로 살 수 없게 되었지. 도시로 가면 일자리가 있다기에 가족을 데리고 런던으로 왔어. 그런데 나 같은 사람들이 한둘이 아니더라고. 사람은 넘치고 일자리는 모자랐어. 공장 주인은 이때다 싶어 터무니없이 낮은 임금으로 사람들을 고용했지.

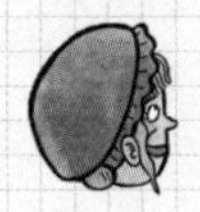

**공장 노동자** (원래 직업 수공업자) : 우리처럼 집에서 천을 짜던 사람들도 더 이상 물건을 만들 이유가 없게 되었어. 넉넉하진 않았지만 수공업자로 살 때는 아이들도 돌볼 수 있고 시간도 자유로웠는데. 공장에서는 잠시 쉴 틈도 없이 매일 18시간씩 일해야 해. 어린아이를 집에 혼자 둘 수 없으니 더러운 먼지 투성이 공장에 데리고 다닐 수밖에 없어.

**장오** : 어유, 나 같으면 못 참을 것 같아요.

**공장 노동자** : 죽도록 일해도 가족들의 끼니를 해결할 수 없게 되자, 아버지도 참기 어려워하셨어. 우리가 가난해진 건 다 기계 탓이라고 화를 내셨지. 어느 날 아버지와 친구들은 기계를 모조리 부셔 버려야 한다며 공장으로 가셨어. 기계에 불을 지르고, 모래를 뿌리고, 망치로 부수었지. 그런다고 변하는 게 있겠니? 폭력으로 변화의 거대한 물결을 막을 수는 없지.

**현서** : 사회가 이렇게나 혼란스러운데 정부는 아무런 대책을 세우지 않았나요?

**스크루지** : 말도 마라. 정치인들은 서로 다투느라 국민의 삶을 돌보는 일은 뒷전이란다. 왕이 국가를 지배할지, 국민대표를 내세워 국가를 운영할지를 두고 날마다 엎치락뒤치락 싸움박질이야. 더 이상 두고 볼 수 없어서 국민을 대표하는 의원을 우리 손으로 뽑겠다고 했어. 오랜 시간 싸워서 겨우 선거권을 얻었어.

**공장 노동자** (원래 직업 농부) : 그러면 뭐 해! 귀족이나 부자들만 선거할 수 있는걸. 우리같이 가난한 노동자나 농민, 여성들은 선

거를 할 수 없다고. 불 보듯 뻔하지. 우리의 가난은 계속될 거야. 아무도 우리의 고충을 대신 말해 주지 않을 테니까.

**송이** : 어유,, 가난한 사람들은 희망이 없네요.

**말리유령** : 걱정 마. 말은 저렇게 해도 사람들은 선거권을 달라고 끊임없이 요구할 테니. 그들이 포기하기 않았기 때문에 1867년부터 조금씩 노동자들도 선거를 할 수 있게 돼.

**공장 노동자** : 우리 희망을 버리지 마요. 로버트 오언이 있잖아요. 마침 저기 오언이 오고 있어요.

**로버트 오언** : 고맙습니다. 나는 늙었지만 이제 나의 제자들이 여러분에게 희망을 줄 거예요. 제자들이 만드는 생활 협동조합이 하나둘 늘어나면 여러분의 삶이 조금은 나아질 거예요. 품질이 좋은 물건을 저렴하게 구할 수 있을 테니 말이에요. 여러분, 어려울 때일수록 힘을 합쳐야 해요.

**이루** : 할아버지는 젊었을 때 어떤 일을 하셨는데요.

**로버트 오언** : 열 살때 공장의 견습공이 되었고, 스무 살때 큰 방직공장의 공장장이 되었어. 결혼한 후에는 장인의 공장을 사서 직접 운영했지. 나는 노동자들이 얼마나 가난한지, 어떤 부당한 대우를 받는지 오랫동안 지켜보았어. 불쌍한 그들이 사람답게

살 수 있도록 돕고 싶었어. 궁리 끝에 공장 안에 있는 상점에다 좋은 물건을 들여놓고, 저렴하게 사서 쓸 수 있도록 했어. 그게 내가 만든 최초의 생활협동조합이었어. 노동자들의 삶이 점점 나아졌지. 그들은 더욱 열심히 일했어. 결과적으로 나의 사업은 크게 번창했단다.

**아이들** : 우아! 멋져요, 할아버지.

**공장 노동자** (원래 직업 수공업자) : 저도 소문을 들어서 알고 있어요. 노동자들이 교육을 받을 수 있도록 학교를 세웠다면서요? 열두 살이 안 된 어린이는 일하는 대신에 학교를 다닐 수 있도록 해주 셨고요. 그런 공장이 있었다니 정말 믿기지 않아요.

**로버트 오언** : 교육을 받아야 미래를 꿈꿀 수 있어요. 그래야 희망이 생기지요. 특히 아이들은 마땅히 교육을 받을 수 있어야 해요. 노동자들 덕분에 내 사업이 크게 성공했어요. 함께 잘살 수 있는 방법을 찾는 건 당연한 일이에요.

**장오** : 우웩! 그나저나 템스강의 악취 때문에 견딜 수가 없어요. 이런 데서 살면 건강한 사람도 병에 걸리겠어요.

**런던 시민** : 런던에 공장이 많아지면서 인구가 갑자기 늘어났어. 온갖 더러운 물과 쓰레기가 정화되지 않은 채 강으로 흘러들고 있지. 한때는 연어가 많이 잡히던 깨끗한 강이었는데 지금은 죽은 강이 되었어.

**공장 노동자** (원래 직업 농부) : 강뿐만 아니라 집과 공중화장실, 상하수도, 의료 시설 등도 턱없이 부족하단다. 마차에서 흘러나온 말똥, 미처 처리하지 못한 시체 등이 곳곳에 넘쳐나지. 강물이 썩는 건 당연하고 콜레라 같은 전염병에 걸린 사람들도 많아.

**송이** : 누가 나서서 환경 문제도 해결했으면 좋겠네요.

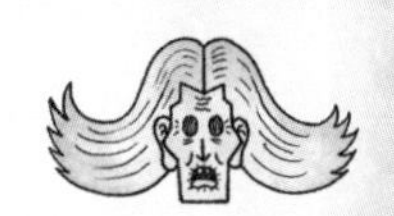

**말리 유령** : 런던 의회가 문제의 심각성을 깨닫고 환경 정화 운동을 시작할 거야. 하수관을 설치하고 시설을 정비하면 수질이 차츰 좋아지겠지. 그렇지만 한번 더러워진 강을 깨끗하게 만드는 건 여간 어려운 일이 아니야. 템스강에서 다시 연어를 보려면 140년은 기다려야 해.

## 7
# 이게 다 빚, 빚 때문이야

말리 유령과 아이들은 어느 골목의 작은 집 앞에 홀연히 모습을 드러냈다.

그때 마침, 경찰이 한 남자를 체포해서 집 밖으로 끌고 나오고 있었다. 곧이어 어린 남매가 겁먹은 얼굴로 뛰어 나왔다. 아이들은 손목에 수갑을 찬 남자를 아빠라고 부르며 경찰에게 잡아 가지 말라고 매달렸다. 경찰은 아이들을 밀쳐내고 남자를 마차에 태워 급히 출발했다. 남매는 마차를 뒤쫓다가 길바닥에 주저앉아 폭포수 같은 눈물을 흘렸다.

"왜 경찰이 저 아이들의 아빠를 잡아가는 거죠?"

장오는 어린 남매를 불쌍한 눈으로 보며 물었다.

"그게 말이다……."

말리 유령이 설명하려는데, 갑자기 스크루지가 "흐흐흑!" 하고 서럽게 흐느끼기 시작했다. 말리 유령은 침울한 얼굴로 그런 스크루지의 등을 달래듯 쓸어내려 주었다.

"빚 때문에 아버지가 경찰에게 잡혀 갔어. 어린 동생과 난, 그 뒤로 서로 다른 고아원에 버려져 헤어지게 됐지. 아버지가 갚지 못한 은행 빚 때문에 가족이 뿔뿔이 흩어지고 만 거야. 그때 난, 빚이 얼마나 무서운 건지 실감했지. 빚이 우리 가족을 망가뜨렸어."

스크루지는 코를 팽, 풀고 나서 또 눈물 바람을 했다.

**은행 대출금을 못 갚으면 어떡하지?**
**우리 아빠도 경찰에 붙잡혀 가면 어떻게?**

"바늘로 찔러도 피 한 방울 나오지 않을 것 같은 구두쇠에게 저런 사연이 있었구나."

장오도 스크루지의 사연이 딱해서 울먹거렸다.

우리 아빠
잡아가지
마세요!

"말리, 자네는 내 동업자이자, 친구고, 또 유일한 가족이었어. 이제라도 자네에게 용서를 구하고 싶네."

스크루지가 말리 유령에게 뜬금없이 말했다.

"용서를 구하다니, 그건 또 무슨 소린가?"

"자네 장례식 때 저승 갈 때 쓰라고 관에 넣은 노잣돈에 내가 손을 댔다네. 부디 나를 용서하게."

스크루지는 미안하고 부끄러워서 말리 유령을 똑바로 쳐다보지 못했다.

"허허, 그래. 그런 일이 있었지."

말리 유령이 이미 알고 있다는 듯 조용히 고개를 끄덕였다.

"참내, 그럼 그렇지. 옐로우의 지폐가 왜 할아버지한테 갔는지 이제야 알겠네요. 돈만 밝히는 강력한 힘에 이끌려 간 거였어요."

장오는 방금 전 스크루지를 불쌍하게 여긴 것을 후회하며 혀를 내둘렀다.

"아무리 돈이 전부여도 그렇지, 하나밖에 없는 친구의 노잣돈까지 챙기다니요."

현서와 이루도 눈에 잔뜩 힘을 주고 스크루지를 노려보았다.

스크루지는 말리 유령을 볼 낯이 없어서인지 얼른 화제를 돌렸다.

"아버지가 경찰에 잡혀 간 건 다 은행 놈들 때문이라고! 사업 자금을 마구 빌려줘 놓고 못 갚으니까 신고해 버린 거야."

"은행은 사업을 할 수 있도록 돈을 빌려준 것뿐이잖아요. 그게 어떻게 은행 잘못이에요?"

"돈을 갖다 쓰라고 자꾸 부추기는 건 은행이 이자로 돈을 벌기 위해서야. 갚을 능력도 없는 사람에게 높은 이자를 받고 돈을 마구 빌려주니까 사고가 나는 게 아니냐?"

이루는 처음에는 스크루지가 괜히 은행 탓을 한다고 생각했지만, 이야기를 듣다 보니 틀린 말은 아닌 것 같았다.

"어렵게 자란 나는 청년이 되어 일자리를 구하게 되었단다. 그땐 매일이 즐겁고 행복했지. 하루 일과를 마치고 나면 동료들과 어울려 놀기도 하고, 크리스마스에 사장님이 열어 주는 파티에도 참석했지."

스크루지는 행복했던 지난날들을 떠올렸다. 말리 유령도 스크루지와 함께했던 젊은 날을 떠올리며 흐뭇한 미소를 지었다.

"그때 만난 아가씨와 결혼했다면 지금과는 다른 삶을 살았을 텐데……."

"결혼이요? 상상이 안 되네. 구두쇠 스크루지를 좋아한 사람이 있었다고요?"

장오가 말도 안 된다는 듯 이죽거렸다. 그러거나 말거나 스크루지는 옛 추억에 잠겨 이야기를 계속했다.

"나는 그때 행복해질 수 있는 기회를 놓쳤어. 부자가 되서 결혼하겠다는 욕심에 무리하게 사업을 벌이다가 많은 빚을 지고 말았지. 하필 그때, 약혼녀의 아버지가 갑자기 돌아가셨어. 그 바람에 그녀도 유산 한 푼 받지 못했어."

"흠, 그래서 헤어진 거군요? 약혼녀가 유산을 받지 못해서."

장오가 못마땅한 얼굴로 스크루지를 쳐다보았다.

"그 여자분 일찌감치 헤어지길 잘하셨네. 결혼했으면 아마 구두쇠 할아버지의 눈치만 보고 살았을 거야."

현서도 옆에서 한마디 거들었다.

"아냐, 난 그냥 용기가 없었어. 결혼해서 아이라도 낳게 되면, 아버지처럼 빚에 허덕이며 살겠구나, 가난한 우리가 결혼하면 가난이 두 배가 되겠구나 싶었거든. 미래에 대한 두려움 때문에 결국 약혼녀와 헤어졌어. 비겁한 선택이었지."

스크루지는 과거를 후회하고 있었다.

"현서야, 우리는 돈이 없어도 헤어지지 말자."

장오가 손가락을 꼼지락대며 현서에게 수줍게 말했다.

"돈이야 벌면 되지. 돈 때문에 왜 헤어지니?"

현서가 말도 안 된다며 씩씩하게 대꾸했다.

"그때부터 돈만 아는 구두쇠 스크루지가 된 거로군요?"

이루가 스크루지를 보며 말했다.

"스크루지는 약혼녀를 사랑했단다. 진짜야. 함께 불행해질 것 같아서 헤어진 거지. 지금까지 혼자 살고 있는 것도 다 옛사랑을 못 잊어서란다."

말리 유령이 친구를 감싸주자 현서가 손을 내저었다.

"에이, 사랑하는데 그깟 돈이 무슨 문제라고."

"맞아. 그 약혼녀는 멋진 남자와 결혼해서 아주 행복하게 살았을 거야. 아들딸 낳고 말이지. 누구와는 다르게 지금은 손자 손녀들과 행복한 시간을 보내는 할머니가 되셨을걸."

장오는 스크루지 들으라는 듯이 일부러 큰 소리로 말했다.

"돈 걱정만 하고 있으면 할 수 있는 게 아무것도 없겠어요."

"그러게, 세월이 흐른 후에야 그걸 알았지 뭐냐."

스크루지와 말리 유령이 동시에 한숨을 내쉬었다.

**에휴, 난 스크루지의 마음을**
**이해할 것도 같은데…….**

바로 그때, 어디선가 문 두드리는 소리가 들려왔다. 눈앞에서 과거의 광경들이 순식간에 사라지고, 아이들과 스크루지 그리고 말리 유령은 어느새 스크루지의 집 서재로 돌아와 있었다.

똑똑.

모두의 시선이 일제히 문으로 향했다. 현서가 다가가 문고리를 잡았다.

"자, 잠깐! 열지 마."

스크루지가 겁먹은 얼굴로 소리쳤다.

"크리스마스 유령이 숙제를 받으러 온 걸 거야. 열면 안 돼."

그러고는 소파에 웅크리고 앉아 손으로 얼굴을 감쌌다.

"약속한 새벽 두 시는 아직 한참 남았어요. 유령이 벌써 왔을 리 없어요."

현서가 스크루지를 진정시키고 문을 열었다. 밖에는 아무도 없었다. 대신, 하얀 손수건이 덮인 바구니 하나가 놓여 있

스크루지씨,
제 맘을
받아 주세요.
우아~
맛있겠당~.

었다.

"와, 쿠키잖아."

현서의 말에 스크루지가 다가왔다.

"작년 크리스마스이브에도 쿠키 바구니를 놓고 가더니만, 올해도 잊지 않고 가져다주었군."

스크루지는 어딘가에 자신을 짝사랑하는 귀부인이 있는 게 틀림없다며 김칫국부터 마셨다. 모든 사람이 자기를 싫어하는 건 아니라고 대놓고 으스대기 시작했다.

아이들은 그런 스크루지를 무시하고 쿠키를 먹었다.

"흐흠, 맛있다! 이렇게 맛있는 쿠키는 처음이야."

"이런 쿠키를 매일 먹을 수 있다면 얼마나 행복할까!"

장오와 이루가 감탄했다.

"크리스마스에 쿠키를 나눠 먹는 사업 어때요? 모두가 행복하잖아요."

현서가 쿠키를 입에 넣고 황홀한 표정을 지으며 말했다. 정말이지 쿠키는 입에 들어가자마자 아이스크림 녹듯이 사라졌다.

"스크루지, 자네도 먹어 보게나."

말리 유령이 권하자 스크루지도 쿠키를 한입 베어 물었다.

"아, 정말 달콤하군. 이토록 따뜻하고 사랑스러운 맛이라니. 내 친구 말리, 저 아이 말대로 이 쿠키를 가져다준 여인을 찾아 함께 쿠키 사업을 해 보자고 할까?"

"뭐, 그것도 좋은 생각이지."

말리 유령은 그림의 떡인 쿠키를 바라보며 괜히 입맛만 다셨다.

바구니 안의 쿠키는 순식간에 바닥을 드러냈다. 그리고 이루가 마지막 쿠키를 집어 들었을 때였다.

"앗, 어떡해! 벨린다의 초대! 우리를 기다리고 있을 텐데."

현서가 갑자기 생각난 듯 소리쳤다.

"아, 맞다! 저녁에 오라고 했었지. 까맣게 잊고 있었네."

이루는 집었던 쿠키를 도로 내려놓았다.

"벨린다라고? 밥의 딸한테 초대를 받았다는 거냐?"

스크루지가 불안한 얼굴로 물었다.

"지금이라도 벨린다의 집에 다녀와야겠어요. 안 가면 서운해할 거예요."

아이들이 문으로 가려고 하자 스크루지가 막아섰다.

"안 돼. 이대로 갈 순 없어."

새벽 두 시까지는 시간이 남아 있었지만, 스크루지는 일분 일초가 아까웠다. 그렇지 않아도 시계 종소리가 울릴 때마다 심장이 오그라드는 것 같았다.

"남의 집에 놀러 갈 정신이 어디 있어. 날 도와준다고 했잖아!"

초조한 나머지 스크루지가 소리를 버럭 질렀다.

"아이고, 귀 따가워라. 약속을 먼저 했는데 어떡해요. 벨린다가 밥 아저씨 딸이라니, 오히려 잘됐네요. 할아버지도 같이 가요."

장오의 말에 옆에 있던 이루가 거들었다.

"벨린다의 집에 가는 것도 시장 조사예요. 또 알아요. 좋은 생각이 떠오를지."

그러자 스크루지는 언제 화를 냈냐는 듯 돌변했다.

"시장 조사? 그래, 그럼 가야지. 아무렴! 빨리 다녀오자꾸나. 말리, 자네도 어서 서두르게."

장오의 말은 들은 체도 않더니, 이루의 말에는 신뢰가 가는 모양이었다.

"이루라고 했니? 넌 좀 믿을 만하구나."

스크루지는 문 옆에 걸어 둔 모자를 집어 들고 앞장섰다.

**옐로우의 수업노트 · 06**

대출을 받는 게 무조건 나쁜 건 아니야. 빌린 돈이 지렛대 역할을 잘할 수 있도록 은행을 똑똑하게 이용해야지.

# 알아보자! 은행의 이모저모

## 1) 은행에 따라 하는 일이 달라요.

은행에는 우리 같은 개인이 이용하는 일반 은행과 정부와 일반 은행만 이용할 수 있는 중앙은행이 있어. 이 두 은행은 하는 일이 달라. 일단 일반 은행은 동네마다 있고 중앙은행은 그 나라의 중심지에 있어.

일반 은행은 사람들이 돈을 맡기면 보관해 주고, 필요할 때 돈을 내주는 일을 해. 돈이 필요한 사람에게는 이자를 받고 빌려주지. 그 외 공과금 수납을 돕고, 외국 돈을 바꿔 주거나, 귀중품을 보관해 주는 일을 한단다.

개인이 이용하는 일반 은행

대한민국의 중앙은행, 한국은행

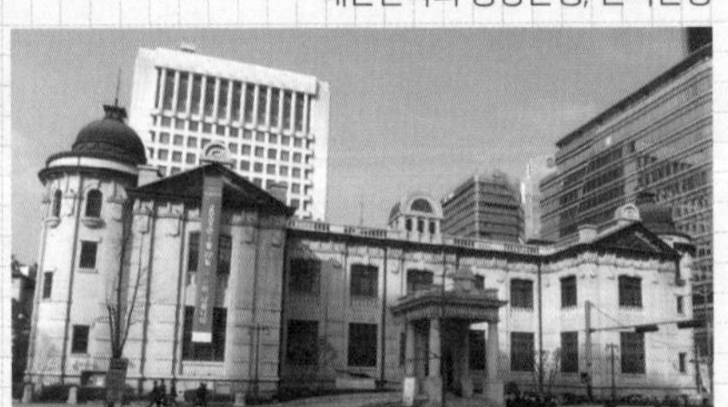

중앙은행은 한 나라의 화폐를 발행하는 곳이야. 통화량(나라에 유통되는 화폐의 양)을 조절하는 일도 해. 시장에 통화량이 많으면 이자를 많이 줘서 예금하도록 유도하고, 통화량이 적으면 이자를 적게 줘서 돈을 빌려 쓰도록 유도하지.

### 2) 은행이 망하면 예금을 한 푼도 못 찾는다고?

은행은 사람들이 저축한 돈을 그대로 보관하지 않고, 그 돈을 필요한 가계나 기업에 빌려줘. 그러니 '은행에 돈을 맡겼는데, 돈이 없어져서 찾지 못하면 어쩌지?' 하는 걱정을 할 수도 있겠지. 뱅크스란 남자가 어느 날 어린 아들 마이클을 데리고 자신이 일하는 은행에 갔어. 그런데 은행장이 예금의 중요성을 강조하면서 마이클의 용돈 2펜스를 강제로 가져간 거야. 마이클은 비둘기 모이 살 돈이라면서 "내 돈 돌려주세요!" 하고 큰 소리로 외쳤지. 그때 은행에 있던 고객들이 그 소리를 듣고 불안해진 거야. "은행에 큰일이 났나 봐." "어서 돈을 빼야겠다." 하면서 너도나도 예금을 찾기 시작했지. 이 일로 뱅크스는 은행에서 해고돼. 소설 『메리 포핀스』에 나오는 이야기야. 은행에 돈을 맡긴 사람들의 공포심이 잘 드러나 있지. 전쟁이나 금융 위기로 사회가 혼란스러울 때, 많은 사람들이 한번에 돈을 찾는 '뱅크런'사태가 벌어진단다. 이런 일들에 대비하기 위해, 일정한 범위 내에서 예금액을 보장해 주는 '예금자 보호법'이 생겼단다.

1차 세계 대전이 시작되자 돈을 찾기 위해
은행으로 몰려간 독일 사람들

## 3) 은행과 거래할 때 필요한 '신용'

칼과 저울을 들고 있는 상인
셰익스피어의 희곡 『베니스의 상인』 삽화

"기한 내에 돈을 갚지 못하면 심장에서 가장 가까운 살 1파운드를 내놓아야 할 것이오!" 이 무시무시한 협박은 셰익스피어의 희곡 『베니스의 상인』에 등장하는 대부업자*가 한 말이야.

돈을 빌려주고 반드시 되돌려 받아야겠다는 대부업자의 마음이 극적으로 드러난 대사지. 돈을 빌려 주는 사람은 돈을 빌리는 사람이 갚을 능력이 되는지 알고 싶었어. 그래서 신용을 평가하는 기준을 만들고, 신용등급을 나누었단다.

'현대사회는 신용사회다.'라는 말이 있어. 은행에서 돈을 빌리거나 신용카드를 쓰고 약속한 날짜에 돈을 갚지 못하면 신용등급이 낮아져.

신용불량자가 되면 은행을 이용하기 어려워지지. 돈이 필요할 때 빌릴 수 없고 신용카드도 사용할 수 없다면 얼마나 불편할까? 약속을 잘 지켜서 신용등급이 높아지면 사업자금이 필요할 때나 집을 살 때 은행에서 원하는 만큼의 돈을 쉽게 빌릴 수 있고 이자도 적게 낼 수 있단다.

* 대부업자 : 자기 돈을 빌려주고 이자를 받아서 이익을 얻는 일을 하는 사람이에요.

### 4) 가난한 사람에게만 돈을 빌려주는 은행

보통 은행들은 가난한 사람들에게 돈을 빌려주지 않아. 돈을 갚지 못할 거라고 판단하니까. 은행을 이용하지 못하는 사람들 대다수가 생활비를 구하려고 제3 금융권 등에서 높은 이자를 약속하고 돈을 빌려. 그 후로는 높은 이자를 감당하느라 더 가난해지지. 돈을 벌어도 이자를 갚고 나면 남는 돈이 없으니까 형편이 나빠질 수밖에.

방글라데시의 경제학자 무함마드 유누스는 단돈 20달러 때문에 대부업자에게 시달리는 마을 사람들이 안타까워서 자기 돈을 빌려주었어. 사람들은 그의 마음에 감동해서 열심히 일했고 금방 빚을 갚았대. 빚의 구덩이에 빠져 있던 사람들을 적은 돈으로 구한 거야. 그 후 유누스는 가난한 사람들에게 담보 없이 돈을 빌려주는 '그라민은행'을 설립했어.

사람들은 빌려준 돈을 돌려받지 못할 거라고 유누스에게 경고했지. 그러나 놀랍게도 돈을 빌려 간 사람들의 90% 이상이 빚을 갚았고, 60% 이상의 사람들이 가난에서 벗어났지. 무함마드 유누스는 빈곤 퇴치에 앞장선 공로를 인정받아 노벨 평화상을 수상했어.

# 은행은 언제 처음 등장했나?

고대 문명의 발상지인 메소포타미아의 점토판에는 얼마를 빌리고, 갚는 날은 언제고, 이자는 얼마라는 기록이 남아 있어. 오래전부터 화폐 거래가 있었다는 사실을 알 수 있지. 그러나 우리가 생각하는 근대적인 은행은 1661년 스웨덴에서 세워졌어. 네덜란드 상인 요한 팔름스트루크는 스웨덴 왕실의 특혜를 얻어 '스톡홀름은행'을 설립했어. 그 대가로 이윤의 반을 왕실에 주었지. 하지만 그는 너무나 많은 돈을 발행하는 바람에 은행 경영에 실패했고 사형 선고까지 받았어.

이후에 생겨난 '왕국 영토의 은행'은 스웨덴 의회가 관리·감독했어. 처음에는 개인에게 예금을 받고 돈을 빌려주는 일을 했지만, 나중에는 막대한 전쟁 자금을 정부에 빌려주는 일을 했지. 정부를 상대로 하는 중앙은행은 이렇게 처음 시작되었어.

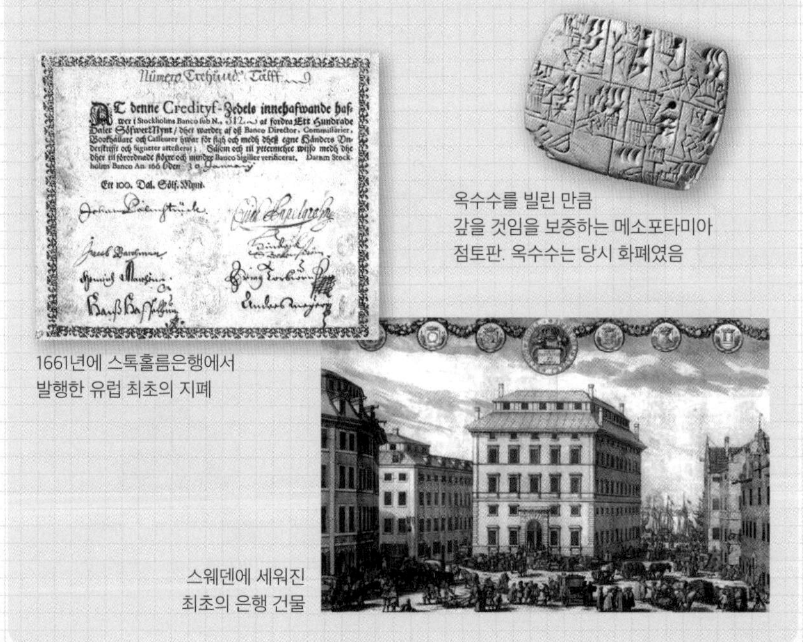


옥수수를 빌린 만큼 갚을 것임을 보증하는 메소포타미아 점토판. 옥수수는 당시 화폐였음

1661년에 스톡홀름은행에서 발행한 유럽 최초의 지폐

스웨덴에 세워진 최초의 은행 건물

# 우리나라 최초의 민족 은행은?

19세기 조선은 스스로 나라 힘을 키우기 전에는 외국에게 문을 열지 않겠다는 정책을 세웠어. 그러나 일본의 강압에 못 이겨 강제로 나라 문을 열고 말았지. 그 후 일본은 조선의 자본을 차지하려고 우리나라 곳곳에 일본 은행을 세웠어. 서양의 다른 나라들도 줄지어 조선에 자기 나라 은행을 세웠지. 다른 나라의 은행들은 조선 상인들에게 사업자금을 잘 빌려주지 않았어. 조선의 관료들과 상인들은 우리 경제를 지키기 위해서 민족은행을 세우기로 했어. 고종 황제도 은행이 설립될 수 있도록 지원했지.

마침내 1899년에 민족 자본으로 세워진 '대한천일은행'이 설립되었어. 대한천일은행은 조선 사람들의 돈을 맡아주고 조선 상인들에게 낮은 이자로 사업자금을 지원하는 일반 은행의 역할을 했고, 대한제국의 재정을 담당하는 중앙은행 역할도 함께 했어.

대한천일은행 종로지점
(출처: 우리은행 은행사박물관)

## 8

## 일을 하는데 돈이 없어

"이런, 크리스마스이브인데 서두르느라 빈손으로 왔구나."

밥의 집 앞에 도착한 스크루지가 망설였다. 얼떨결에 아이들과 함께 오기는 했지만 문을 두드릴 용기가 나지 않는 모양이었다.

"밥 아저씨는 이해할 거예요. 크리스마스이브니까요. 게다가 할아버지는 구두쇠 스크루지잖아요."

장오가 스크루지를 놀리면서 문을 두드렸다.

"벨린다, 우리 왔어."

뒤이어 현서가 벨린다를 불렀다.

문을 열고 나온 밥은 어리둥절한 표정을 지었다.

"아니, 사장님이 저희 집엔 무슨 일이십니까?"

"어서 들어와. 안 오는 줄 알고 우리끼리 먹으려던 참이었어."

밥의 등 뒤에서 벨린다가 나와서 아이들을 반겨 주었다.

"초대해 줬는데 당연히 와야지. 와우, 춥다, 추워!"

벨린다가 아이들을 식탁으로 안내했다. 식탁 옆에 놓인 작은 난로에서 따뜻한 온기가 느껴졌다.

"아! 추우실 텐데, 사장님도 어서 안으로 들어오세요."

"메, 메리 크리스마스."

스크루지는 멋쩍게 인사를 하고 집 안으로 들어갔다. 그 뒤를 말리 유령이 따랐다. 말리 유령은 벨린다의 가족에게는 보이지 않았다.

식탁에 앉은 아이들은 김이 모락모락 나는 양파수프를 한 그릇씩 받아들었다.

"여보, 사장님께 드릴 수프가 좀 더 있을까요?"

밥이 스크루지에게 자리를 안내하며 물었다.

"칠면조 요리는 없어도 양파수프라면 얼마든지 있어요."

밥의 아내는 양파수프를 그릇 가득 담아 내왔다.

"오늘이 크리스마스이브인데, 차린 음식이 이것뿐이란

말인가?"

스크루지가 음식을 보고 떨떠름한 표정을 지었다.

"주급을 올려 주셨지만 저희 형편이 나아지질 않아서요. 죄송합니다, 사장님."

밥은 민망해서 어쩔 줄 몰라 했다.

"할아버지도 참! 주급을 쥐꼬리만큼 올려 줬기 때문이잖아요. 좀 많이 올려 주셨어야죠. 팍팍!"

장오가 입에 침을 튀기며 말했다.

"초대받은 집에서 음식 불평을 하시면 안 되죠. 예의가 아니잖아요."

이루도 한마디 쏘아붙였다.

"얘들아, 그게 아니란다. 우리 아들 팀이 아프다 보니 병원비가 많이 들어서 이렇게 된 거야."

밥이 겸연쩍어하며 아이들에게 말했다. 옆에 있던 스크루지가 흠흠, 헛기침을 했다.

"그나저나 네 동생 팀은 어디 있어?"

현서가 벨린다의 귀에 대고 작게 속삭였다.

"먼저 잠자리에 들었어. 아빠가 안아다가 침대에 눕히고 재우셨어."

울 엄마 양파수프 맛있지~?
응.
사장님이 양파수프가 보기엔 이래도 맛이 아주…

"안아다가……?"

현서가 되묻자 벨린다가 말했다.

"낮에 말했잖아. 방직기계에 기름을 치다가 다리를 다쳤다고. 팀은 침대에 누워 있는 시간이 많아."

"저런, 병원에 가서 치료는 받고 있는 거야?"

"어쩌다 한 번 가는데 치료가 제대로 될 리 없지. 병원비 버는 것도 쉽지 않아. 아빠는 물론이고 언니랑 나도 쉬지 않고 일해. 엄마도 종일 일하시고. 그런데도 형편이 전혀 나아지지 않아."

현서는 표정 없이 담담하게 말하는 벨린다가 더욱 가여웠다. 이곳은 대체 왜 이런 세상인지, 자꾸 화가 났다.

"자자, 오늘은 축복받은 날이구나. 이렇게 사장님과 벨린다의 친구들까지 왔으니 말이야. 식기 전에 많이들 먹으렴. 사장님도 어서 드세요."

밥이 모두를 보며 말했다. 아이들은 잘 먹겠다는 인사를 마치자마자 허겁지겁 수프를 먹기 시작했다.

"양파수프가 이렇게 맛있는 줄은 처음 알았어."

평소 양파라면 쳐다보지도 않던 장오가 수프를 후루룩후루룩 잘도 먹었다.

"근데, 벨린다, 너네 언니 마사는 어떤 일을 해?"

현서가 맞은편에 앉아 있는 마사를 보면서 물었다. 벨린다는 숟가락질을 멈추고 마사를 흘깃 보았다.

"언니는 모자가게에서 잔심부름을 해. 일을 잘 배워서 모자 디자이너가 되고 싶다는데, 내가 보기엔 영 틀렸어."

"왜? 꿈이 참 멋진데. 열심히 배워서 디자이너가 되면 되지."

이루가 옆에서 알은척을 했다.

"모자가게 사장이 디자인을 가르쳐 주지 않거든."

마사가 조용히 대답했다.

"직원의 능력이 좋아지면 사장에게도 좋은 거 아니야?"

현서의 물음에 벨린다가 고개를 저었다.

"돈을 더 많이 줘야 하잖아. 우리 같은 아이들은 적당히 부려먹다가 내보내. 흔한 일이야."

"나쁜 사장. 직원의 미래도 생각해 줘야지!"

현서는 마사의 일이 마치 자신의 일인 양 화를 냈다.

"나는 간호사가 돼서 팀처럼 아픈 아이를 돌봐 주고 싶어. 그렇지만 지금은 돈을 벌어야 하니까 공부는 꿈도 못 꿔."

벨린다가 들고 있던 숟가락을 맥없이 식탁에 내려놓았다.

현서는 조용히 벨린다의 등을 토닥거려 주었다.

"내가 학교에 안 가면 아빠가 법을 어기는 거라고 하셨는데……, 벨린다와 마사는 학교보다 돈 버는 게 먼저가 됐구나."

장오가 착잡한 목소리로 말했다.

"맞아. 우리는 중고등학교까지 의무 교육인데 여긴 그렇지 않은가 봐. 아빠 말로는 세금으로 교육을 받는 거래."

"그리고 매달 의료 보험료를 내니까 병원에도 부담 없이 갈 수 있다고 울 엄마도 그러셨어."

"여기 사람들은 나라에 세금을 안 내나? 아니면 엉뚱한 곳에 세금을 쓰는 건가?"

현서와 이루는 말을 주고받으며 고개를 갸웃갸웃했다.

"아이들은 공장이 아니라 학교에 있어야지. 미래를 준비하고 또 신나게 놀아야지, 아무렴!"

현서는 손바닥으로 식탁을 쾅 내리치고는 모두의 시선이 자신에게 쏠리자, 멋쩍은 웃음을 지었다.

"스크루지 할아버지, 회사 직원인 밥 아저씨의 가족을 위해 교육비나 병원비 지원 같은 건 안 해 주나요?"

장오가 스크루지를 바라보며 말했다.

# 벨린다 가족의 가정형편

아버지 밥
직업 : 스크루지 상회 서기
수입 : 쥐꼬리 주급
취미 : 입김 불기

어머니
직업 : 가정주부
수입 : 푼돈
취미 : 하루 종일 일하기

언니 마사
직업 : 모자가게 점원
수입 : 푼돈
꿈 : 모자 디자이너

동생 팀
직업 : 방직공장 직원
수입 : 현재 없음
꿈 : 현재 없음

벨린다
직업 : 머드락스
수입 : 푼돈
꿈 : 간호사

"지원이라니? 주급 주잖아. 그것도 전보다 많이 올려서……."

스크루지는 그런 질문이 어디 있냐는 듯 황당한 얼굴로 장오를 보았다.

"밥 아저씨의 주급을 좀 더 올려 주면 안 되나요? 돈이 있어야 벨린다가 학교에 갈 수 있고 팀이 제때 치료받을 수 있을 텐데요. 그래야 밥 아저씨도 일하는 보람을 느끼실 테고요."

현서의 말에 이루가 마치 자신이 사장이라도 되는 듯 곰곰이 생각하며 말했다.

"사장도 직원의 주급을 무작정 올려 줄 순 없을 거야. 회사를 운영하는 데 나가는 돈이 의외로 많다고."

"그래, 맞다. 저 녀석들보단 네가 훨씬 더 똑똑하구나."

스크루지는 사업하는 사람의 사정을 헤아릴 줄 아는 이루가 기특하다며 흐뭇한 미소를 지어 보였다.

"어쨌거나 아이들이 일만 하는 건 말이 안 돼요. 더군다나 팀처럼 어린아이가 일하다가 다쳤는데 아무도 책임지지 않는다니, 이런 경우가 어디 있어요."

현서는 부당하다고 생각한 것을 조목조목 따졌다.

"자기 몸은 자기가 알아서 지켜야지. 왜 회사나 국가에게 책임을 지운단 거냐?"

스크루지가 이해할 수 없다는 표정으로 현서를 바라보았다.

"다들 세금을 내잖아요? 그러니 국가가 나서서 국민이 아프면 치료받을 수 있게 해 주고, 꿈을 이룰 수 있게 도와줘야죠. 회사도 그래요. 직원을 고용했으면 가족의 생계를 꾸릴 수 있게 보장해 주는 게 맞아요."

현서가 짱짱한 목소리로 말했다.

"얘들아, 지금은 식사 중이잖니? 흥분을 가라앉히고, 스크루지 사장님께도 무례하게 굴지 않았으면 좋겠구나. 우리가 이렇게나마 살고 있는 건, 다 사장님 덕분이야. 아이든 어른이든 제 밥값은 하는 게 옳아."

밥이 아이들을 꾸짖으며 스크루지 편을 들었다.

"아빠는 사장님이라면 끔뻑 죽는다니깐. 일만 잔뜩 시키고 돈은 적게 주는데……."

벨린다가 입술을 깨물며 말했다.

현서는 내색하지 않았지만 스크루지를 감싸고도는 밥이 바보 같아서 속이 답답했다.

"얘들아, 다 먹었으면 이제 그만 가자."

스크루지는 아이들의 빈 그릇을 확인하고 의자에서 일어섰다. 하지만 아이들은 저희들끼리 얘기를 나누느라 갈 생각이 없었다.

아이들 주변을 서성거리던 스크루지가 갑자기 저쪽 구석에 있는 말리 유령 옆으로 갔다.

"여보게, 말리. 자네 머리가 언제부터 노랬었나?"

그러자 말리 유령은 희미한 웃음을 지었다.

"내 머리색이 변한 걸 알아보다니, 자네는 역시 내 친구로군."

그때였다. 밖에서 문 두드리는 소리가 들렸다. 말리 유령과 스크루지는 아이들을 쳐다보았다. 분명 똑똑, 소리가 났는데 아이들은 아무도 일어설 생각을 하지 않았다.

쾅쾅! 방금 전보다 소리가 더 크게 났다.

순간 스크루지가 파리해진 얼굴로 중얼거렸다.

"아, 유령님! 저를 가엽게 여기셔서, 제발 늦게! 아주 늦게 와 주십시오. 못 오시면 더 좋습니다요, 으흐흑!"

그러고는 자신의 큼직한 몸을 식탁 밑으로 밀어 넣느라 끙끙거렸다.

옐로우의 수업노트 · 07

세금의 사용 방법에 따라 국민의 생활이 달라지지.
환영받는 세금과 비난받는 세금은 어떻게 다를까?

# 고마워, 세금! 억울해, 세금!

## 1) 경제를 살리는 고마운 세금

서울에서 부산까지 가려면 고속버스로 4시간, KTX로 2시간 30분 정도의 시간이 걸려. 하지만 1970년 경부 고속 도로가 개통되기 전에는 기차를 타고 12시간이나 가야 했지. 우리나라는 경부 고속 도로를 시작으로 많은 고속 도로들이 건설되었어. 도로가 잘 정비되어 있으면 국민들이 편하게 이동할 수 있어. 또 각종 생활 물품 및 산업 물품들이 전국에 빠른 속도로 운반되면서 산업이 크게 발달하지.

실제로 경부 고속 도로 건설 이전과 비교해서 우리나라 경제는 국내 총생산 기준으로 100배 이상 성장했어. 세금은 도로 외에도 항만 · 통신 · 철도 · 학교 · 도서관 등 함께 사용하는 공공시설을 만드는 데 쓰여. 덕분에 나라 경제가 성장하고 우리 삶 또한 편안해졌어.

## 2) 환경을 생각하는 똑똑한 세금

세계의 도시들은 늘어난 차들 때문에 교통 혼잡과 배기가스로 골치를 앓고 있어. 배기가스는 미세먼지를 발생시키고 지구 온난화를 가속화시키는 환경 오염의 주범이야. 각 나라의 정부들은 자동차 운행 줄이기 등 환경 오염을 줄일 수 있는 방법을 고민하지.

네덜란드는 환경 문제를 해결할 수 있는 모범적인 세금 정책을 내놓았어. 누구나 공평하게 차를 가질 수 있지만, 차를 많이 움직이는 사람이 더 많은 세금을 내도록 하는 주행세를 만들었지. 네덜란드 국세청은 내비게이션의 GPS장치로부터 차량의 이동 정보를 전송 받아. 운행 거리에 따라 다른 세금고지서를 발부하고 있어. 이 세금이 만들어진 후 네덜란드 사람들은 주로 자전거를 이용하고, 차는 반드시 필요할 때만 운전해. 배기가스와 교통 체증이 많이 줄어들었겠지?

이제 네덜란드는 인구보다 자전거가 더 많은 자전거 천국이 되었어. 세금으로 사회를 변화시키는 좋은 아이디어이지 않니?

자전거로 이동하는 네덜란드 사람들

### 3) 식민지 조선을 수탈하기 위한 가혹한 세금

옛 일본 영사관 터에 세워졌던 인력거 동상

일제 강점기, 우리 선조들은 세금이란 명목으로 많은 수탈을 당했어. 금고나 선풍기, 피아노 등에도 세금을 부과하고, 개를 키우는 사람들에게도 세금을 부과했어. 특히 가난한 조선인들의 밥벌이 도구였던 인력거, 리어카, 자전거에 '리어카세'를 붙이기까지 했지. 세금을 직접 걷으면 조선 사람들이 저항할까 봐 술이나 담배 등의 물건값에 세금을 포함시켜 잘 알지 못하도록 수를 쓰기도 했어. 그러면서 집집마다 빚어서 먹던 술을 제조하지 못하도록 금주령까지 내렸어. 그 후 사람들은 술을 사 먹게 되었고, 일본은 술 소비세를 두 배나 걷을 수 있었대.

### 4) 프랑스 혁명을 불러온 불공정한 세금

프랑스의 왕은 서민에게만 과도한 세금을 부과하고, 성직자와 귀족에게는 한 푼의 세금도 걷지 않았어. 세금을 내지 않은 사람들이 높은 관직을 다 차지하고 떵떵거리며 살았지. 게다가 왕은 불합리한 세금 때문에 고통받는 국민에게 관심을 두지 않고 베르사유 궁전에서 귀족들과 날마다 호화로운 파티를 즐겼어. 시민들의 불만은 점점 쌓여 마침내 폭발했고 프랑스 혁명이 일어났지. 프랑스의 혁명은 '모든 인간은 자유롭고 평등하다'는 가치를 내세웠어. 프랑스 혁명 때 만들어진 프랑스 국기의 삼색은 자유 · 평등 · 박애를 상징하지.

프랑스 혁명 때 단두대에 오른 왕과 시민에 의해 불태워지는 왕좌

## 더 많이 벌면 더 많은 세금을 내야 공평하지 않을까?

나의 비서와 가사 도우미가
나보다 높은 세율의 세금을 내고 있다니!
소득이 많은 사람이 더 많은 세금을
내야 공평하지 않나요?

세계적인 부자, 워런 버핏은 자신이 내는 세금이 소득에 비해 너무 적다며, 법을 바꾸어야 한다고 주장했어. 세금의 중요한 역할 중 하나는 부의 재분배야. 정부는 부자들에게 걷은 세금으로 가난하고 고통받는 사람들을 지원하지. 돈 버는 사람이 손해 아니냐고? 사람은 누구나 사회 속에서 안전하게 살아갈 권리를 갖고 있어. 함께 사는 세상에서 약자를 돕는 것은 사회 구성원의 의무이자 도리란다. 심각한 빈부의 차이 때문에 불만이 쌓이면, 범죄가 많아져 사회가 불안해지지. 빈부의 격차를 줄이는 것은 정부가 해결해야 하는 숙제야. 공평한 세금 정책을 세운다면 사회 계층의 불평을 조금이나마 줄일 수 있어.

워런 버핏은 연간 소득 100만 달러(약 11억 원)가 넘는 고소득층은 수입의 30%를 세금으로 내자는 '버핏세'를 제안했어. 그러나 미국 부자들의 반대에 부딪혀서 실현되지 못했어. 하지만 비슷한 시기에 프랑스에서는 '부자세 증대 법안'이 통과되었지.

# 9

# 프레드 협동조합

"식탁 밑에 뭘 떨어뜨리셨나요, 스크루지 삼촌?"

밥의 집에 온 손님은 다름 아닌 스크루지의 조카인 프레드와 그의 아내였다. 프레드는 식탁 밑의 스크루지를 알아보고 말을 걸었다.

"프, 프레드. 네가 여긴 어떻게?"

스크루지는 프레드가 내민 손을 잡고 식탁 밑에서 기어 나왔다.

"아내와 제가 칠면조 구이를 가져왔어요. 밥 아저씨의 아이들이 너무 말라서 먹고 살 좀 쪄야겠더라고요. 그런데 삼촌까지 와 계시다니, 완전 축복받은 크리스마스이브네요."

프레드는 젊고 쾌활한 사람이었다.

스크루지는 그제야 밥의 딸들을 보았다. 야윈 손목과 발목이 옷 밑으로 드러났고, 안색이 파리했다. 그러고는 이내 쏘아보는 장오의 눈빛이 따가워 슬그머니 고개를 돌렸다.

"뭐라 할 말이 없군. 미안하네, 밥."

"그런 말씀 마세요, 사장님. 제 아이들이 신경 쓰이게 했다면 너그럽게 용서하세요."

밥이 사과를 하자 프레드가 말렸다.

"밥 아저씨도 참. 애들이 무슨 잘못을 했다고 그러세요?

그런데, 너희는 누구니? 멋진 목걸이를 하고 있구나."

프레드가 이루 일행에게 말을 걸었다.

"인사 나누렴. 나를 도와주러 온 아이들이란다."

스크루지가 프레드에게 아이들을 소개했다.

장오가 먼저 인사했다.

"안녕하세요, 저는 박장오예요."

"무슨 일인지는 모르겠지만 스크루지 삼촌을 도와주다니 고맙구나. 난 프레드, 그리고 여긴 내 아내란다."

"아름다워요. 아저씨도 멋지고요. 저는 오현서예요."

현서가 예의바르게 인사를 했다.

"멋지다고? 나한테는 그런 말 한 번도 안 해 놓고선."

장오는 샘이 나서 입술을 쭉 내밀었다.

"프레드 아저씨, 얘들 사랑싸움은 못 들은 걸로 하세요. 저는 한이루랍니다."

"이루, 너도 꽤 재밌는 아이구나. 너희 같은 아이들이 사랑싸움이란 말을 쓰다니, 하하."

프레드와 그의 아내가 명랑하게 웃었다. 벨린다도 재미있다는 듯 키득거렸고, 마사는 손으로 입을 가리고 수줍게 웃었다. 오랜만에 밥의 집에 유쾌한 웃음소리가 흘러넘쳤다.

스크루지는 이렇게 여럿이 어울리는 게 싫지 않은 것 같았다. 사람들이 웃고 떠드는 것을 보면서 잠깐이나마 숙제 걱정을 잊은 듯했다.

"스크루지 자네도 좀 먹어 보게."

칠면조 요리를 맛있게 먹는 아이들을 보면서 침을 꼴깍 삼키는 스크루지를 본 말리 유령이 권했다. 스크루지는 못 이기는 척 고기를 떼어 입에 넣었다.

"음~, 구운 고기 맛이 일품이군. 가까운 사람들과 어울려서 맛있는 요리를 먹는 게 얼마 만인지."

갑자기 스크루지가 눈물을 글썽였다.

"앗! 또 우시는 거예요?"

장오가 스크루지의 눈가에 맺힌 눈물을 손가락 끝으로 찍어 냈다.

"내가 언제 울었다고 그래? 봐라, 이렇게 웃고 있잖아."

스크루지는 씨익 웃으며 누런 이를 드러냈다.

"울다가 웃으면 어디에 털 난다고 했는데. 으하하하!"

장오는 스크루지를 놀리며 큰 소리로 웃었다. 그러다가 눈물을 훔치고 있는 밥을 보고는 웃음을 뚝 그쳤다.

"미안, 미안. 너무 행복해서 눈물이 나네. 우리 팀만 건강하면 더 바랄 게 없을 텐데……."

밥은 눈물을 머금은 채 아이들을 향해 소리 없이 웃었다.

"밥 아저씨, 실은 드릴 말씀이 있어요."

프레드가 숟가락을 식탁에 내려놓고 밥을 보았다.

"얼마 전에 제가 일을 관뒀거든요. 그래서 당분간 팀의 병원비를 보태 드릴 수 없게 됐어요. 정말 죄송합니다."

"뭐어? 해고를 당했다는 거냐?"

밥이 뭐라고 하기도 전에 스크루지가 눈을 치켜뜨며 화를 냈다.

"죄송하다니, 프레드. 이제껏 팀을 위해 애써 준 것만으로도 너무 고마운걸."

밥이 괜찮다면서 손사래를 쳤다.

"곧 새로운 일을 시작할 거잖아요, 프레드. 밥아저씨도 너무 걱정하지 말아요. 모든 게 다 좋아질 거예요."

프레드의 아내가 고개를 수그리고 있는 남편의 손을 살며시 쥐며 말했다.

저렇게 위로하는 거구나!
나도 아빠를 위로해 드려야겠어.

"하, 실업자가 됐는데 걱정 말라니, 천하태평이군."

스크루지는 눈살을 찌푸렸다.

"뭔가 느끼는 거 없어요? 밥 아저씨는 스크루지 말리 상회의 하나밖에 없는 직원이잖아요. 프레드 아저씨도 밥 아저씨를 돕는데, 스크루지 할아버지도 신경 좀 써 주셔야 하는 거 아니냐고요."

현서가 스크루지에게 따져 물었다.

"현서 말이 옳아요. 우리가 왜 인정머리 없는 구두쇠를 돕겠다고 나섰는지, 참!"

장오도 어깨를 들썩거렸다.

"송이를 위해서지. 말리 유령만 아니라면 벌써 관뒀을 거야."

이루가 송이를 생각하며 말했다.

"뭐야, 이제 와서 도와주지 않겠다는 거냐? 난 프레드가 팀의 병원비를 내고 있다는 것도, 직장을 잃었다는 것도 전혀 몰랐어. 왜 날 찾아오지 않은 거냐, 프레드? 말이라도 했으면 도울 수도 있었을 텐데……."

구차한 변명을 하던 스크루지의 목소리가 점점 작아졌다.

"제 문제는 제가 해결할 수 있어요, 스크루지 삼촌."

프레드가 진지한 눈빛으로 말했다.

"스크루지 할아버지도 유령이 내준 숙제를 스스로 해결했더라면, 우리가 고생하지 않아도 됐을 텐데."

장오가 허무한 듯 힘없이 말하자, 프레드의 두 눈이 휘둥그레졌다.

"유령의 숙제라니, 그게 무슨 소리야?"

"크리스마스 유령에게서 우리가 아저씨의 삼촌을 구해야 하거든요."

이루가 대신 대답했다.

"크리스마스 유령? 삼촌을 구한다고? 무슨 말을 하는지 도통 모르겠구나."

현서는 프레드와 다른 사람들에게 스크루지의 이야기를 자세히 들려줬다. 그리고 유령과 약속한 시간이 얼마 남지 않았다고 덧붙였다.

"삼촌한테 그런 고민이 있는 줄은 몰랐어요. 제게 얘기하셨더라면 도와드렸을 텐데……. 제가 미덥지는 않으셨겠지만요."

"그, 그게 아니라……."

서운해하는 프레드 앞에서 스크루지가 우물쭈물했다.

"지금이라도 삼촌을 돕겠어요. 그리고 얘들아, 너희가 경제에 대해 관심이 많나 본데, 내가 실은 생각해 둔 사업이 있거든. 들어 볼래?"

프레드의 제안에 아이들이 어서 말해 달라고 졸라댔다.

"안됐다만 얘들아, 지금은 프레드의 얘기를 들어 줄 시간이 없단다. 너희들도 알잖아. 유령이 들이닥칠 시간이 얼마 안 남았어."

스크루지는 자꾸 샛길로 빠지는 아이들 때문에 속이 바짝바짝 타들어갔다. 식탁 뒤편에서 구경만 하는 말리 유령에게 어떻게 좀 해 보라고 눈짓을 했다. 하지만 말리 유령도 어쩔 수 없었다. 초조하게 기다릴 뿐…….

"그러니까, 프레드 아저씨의 사업은 식료품이나 생활용품을 이웃들과 함께 대량 구매해서 나눠 쓰겠다는 거군요."

이루의 말에 프레드가 고개를 끄덕였다.

"많은 양을 사면 싸게 살 수 있고, 생산자한테 직접 구매하면 상품의 질도 좋을 거예요."

현서가 멋진 생각이라며 자기의 의견을 덧붙였다.

"회사 이름은 '프레드 협동조합'이라고 해요."

장오는 프레드의 사업 계획이 좋은 것 같다며 이름까지 지

프레드 협동조합 정리
머드락스
만세!
② 힘을 모아
① 마음맞는 이웃끼리
통조림
③ 식료품, 생활용품을 싸게 대량으로 공동구매
④ 나눠 쓰면 끝

어 주었다.

"세상에! 그냥 어린애들인 줄로만 알았는데, 너희 혹시 천재니?"

프레드가 놀라워하며 세 아이를 치켜세웠다.

"하하하. 천재요? 그런 말은 태어나서 처음 듣는데."

"나도야."

현서와 장오가 마주 보며 깔깔거렸다.

"그런데 사업하는 건 이윤을 남기기 위해서라고 배웠어요. 기왕이면 무한경쟁에 뒤지지 않을 그런 사업에 도전해야죠. 협동조합으로 돈을 벌 수 있을까요?"

이루가 좋은 분위기에 찬물을 끼얹었다.

좋은 생각 같은데, 왜 그래, 이루야.
우리 엄마도 생활협동조합에서 장을 보시는데,
조합도 당연히 돈을 벌지 않을까?

"대부분의 기업들은 많은 이윤 남기는 걸 목적으로 삼지만 그렇지 않은 사회적 기업들도 있어. 어려운 이웃들과 함께 행

복하게 살 수 있는 사업이라면, 이윤이 적더라도 충분히 가치가 있지. 나는 그렇게 생각해."

프레드의 따뜻한 온기가 이루에게도 전해지는 것 같았다. 이루는 프레드의 사업관이 멋지게 느껴졌다.

"프레드, 네 사업 계획을 나에게 주면 어떻겠니?"

마음이 급한 스크루지가 갑자기 끼어들었다.

"안 돼요, 그건 프레드 아저씨의 사업이잖아요. 스크루지 할아버지도 스스로 해낼 수 있는 사업이 뭔지 생각해야 한다고요."

세 아이들이 동시에 손을 내저으며 반대했다.

"그럼 나도 더는 못 기다리겠어. 시계를 좀 보라고! 너희들이 새까맣게 타들어가는 내 마음을 알기나 해?"

스크루지의 얼굴이 대번에 시뻘겋게 달아올랐다.

"정말 시간이 없네. 얘들아, 서두르자!"

벽시계의 시간을 확인한 이루가 자리를 털고 일어났다.

**옐로우의 수업노트 · 08**

사람들이 원하는 것, 우리 사회가 필요로 하는 것은 무엇일까?
성공한 회사들은 이런 질문을 안고 출발하지.

## 사회의 문제를 사업의 기회로

### 1) 현대인의 질병을 해결할 수 있는 애플리케이션

요통, 거북목은 오랫동안 컴퓨터 모니터 앞에서 구부린 자세로 일을 하는 현대인들이 얻는 질병이야. 건강을 위해서 자세를 교정해야 하지만 늘 같은 자세로 일하는 사람들이 스스로 자세를 교정하는 일은 쉽지 않단다.
'업라이트 고'는 이런 문제를 해결해 주는 입을 수 있는 웨어러블 컴퓨터야. 마우스만 한 작은 기기를 등에 부착하고 모바일 애플리케이션을 깔면 끝. 사용자의 자세를 분석해 주고, 개인에게 맞춘 자세 훈련을 계획해 준단다. 현대인들에게 필요한 게 무엇인지 생각한 사업 아이템이지?

## 2) 스마트폰을 살수록 불법 아동 노동이 계속된다니!

“새로 사지 마세요. 고쳐 쓰세요.” 새 물건을 많이 팔아야 이윤을 남길 텐데, 기업이 이런 말을 해도 괜찮을까? 네덜란드의 스타트업 회사가 만든 ‘페어폰’은 카메라, 스피커, 디스플레이 등 노후된 부분만 새것으로 교체할 수 있는 조립 폰이야. 2017년 기준으로 세계에 약 13만 5천 대가 판매되었어. 그런데 이름이 왜 페어(fair : 공정한)폰일까? 이 폰을 출시한 네덜란드의 바스 판 아벨은 스마트폰을 고쳐 쓰면 아프리카 콩고의 불법 아동 노동을 줄일 수 있다고 주장해. 삼성과 애플의 스마트폰 제조에 사용되는 광물들은 가난한 아프리카의 아이들이 낮은 임금을 받고 갱도에 갇혀 쉴 새 없이 채굴한 거야. 더군다나 이 지역을 장악한 군인들은 아이들이 채집한 광물을 팔아 벌어들인 돈으로 무기를 사서 광물 생산지를 차지하려는 전쟁을 벌이고 있지. 페어폰은 이런 분쟁 광물을 사용하지 않고 만들어진 폰이야. 아직 다른 회사의 최신형 휴대폰 성능을 따라가지는 못하지만, 소비자들은 착한 가치를 담은 페어(fair)폰이 페일(fail : 실패한)폰이 되지 않도록 응원하고 있어.

콩고 민주 공화국 남동쪽의 야외 광산에서 분쟁 광물을 씻고 있는 어린이
출처 : Gwenn Dubourthoumieu /《AFP》

필요한 부분만 조립하여 사용하는 페어폰

### 3) 100년이 지나도 썩지 않는 비닐 어떻게 할까?

세계로 수출되는 스위스의 국민 가방 '프라이탁'을 알고 있니? 프라이탁 가방은 화물차의 방수 천막, 자동차의 안전벨트, 폐자전거의 고무 튜브 등을 재활용해서 만든 가방이야. 프라이탁 형제는 이 가방으로 연 매출 700억 원 이상을 달성하고 사업을 성공시켰어. 나라마다 매년 늘어나는 쓰레기 처리 문제로 골치를 앓는데 환경 오염과 자원 낭비를 줄일 수 있는 멋진 재활용 제품이 나왔으니, 세계적으로 관심을 받게 된 것이지. 소비자들은 이 가방의 독특한 디자인과 비가 와도 내용물이 젖지 않는 점을 좋아해. 그리고 무엇보다 가방을 구매하면 지구 환경을 생각하는 프라이탁의 활동에 참여할 수 있어서 좋다고 말하고 있어.

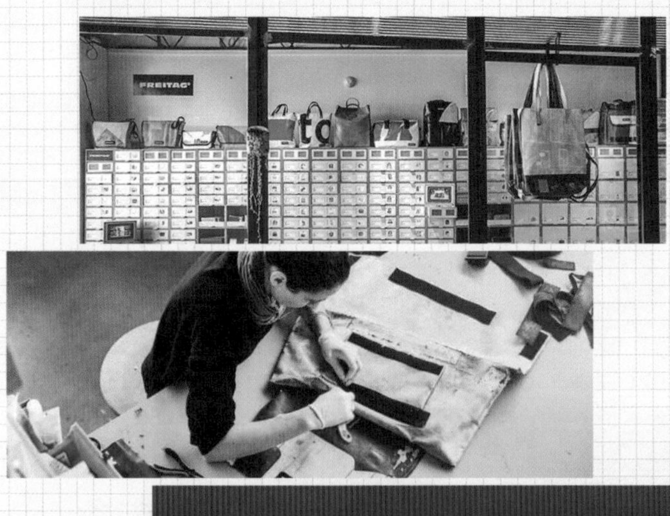

화물차의 천막을 재활용해서 만든 가방 홍보 사진 (출처 : www.freitag.ch/en)

### 4) 아프리카의 식량난을 게임으로 알릴 수 있을까?

게임 시간이 늘어나면 가족과 함께하거나 공부하는 시간이 줄어들어. 잠자고 밥 먹는 시간도 불규칙해져서 건강도 나빠져. 더군다나 싸우고, 죽이는 게임들을 계속하면 자신도 모르게 폭력적이고 공격적인 행동을 아무렇지도 않게 받아들일 수도 있지. 그렇지만 게임은 너무 재미있잖아? 재미있는 게임으로 아프리카의 식량난을 알릴 수 있다면 얼마나 좋을까? 이렇게 만들어진 '푸드포스'는 우리나라의 최대 게임 회사인 엔씨소프트가 개발한 게임이야. 게임 유저는 푸드포스의 4번째 팀원이 되어서 인도양에 위치한 가상의 섬에 식량을 지원해야 해. 게임의 미션은 헬기를 타고 지역의 인구를 파악한 후 정해진 예산 안에서 구호 식량을 만들고, 악조건을 뚫고 공중에서 투하하거나 육상으로 무사히 운송하는 거야. 푸드포스는 세계 10여개 국의 사람들이 즐기는 게임이 되었어. 재미있는 게임을 통해 세계의 기아 문제와 지원 방법을 알린다는 아이디어가 돋보이지?

출처 : kr.ncsoft.com/korean/

## 10

## 구두쇠 스크루지를 구하라

밤이 깊었다.

"내가 앞장서면 아이들이 더 빨리 따라오겠지."

스크루지는 혼잣말을 하며 앞서 걸었다. 그러다 반대편에서 걸어오던 젊은 남자와 부딪혀 넘어지고 말았다.

"아, 죄송합니다. 어디 다친 데는 없으시죠?"

젊은 남자가 스크루지의 팔을 부축해 일으켜 주었다.

"거, 앞을 똑바로 보고 다니게. 눈은 장식으로 달고 다니나?"

"죄송합니다. 그럼, 조심히 가십시오."

까칠하게 말하는 스크루지에게 젊은 남자는 깍듯하게 인

사하고 가던 길을 갔다. 스크루지는 화를 내며 엉덩이와 옷자락을 털다가 양복 안주머니를 더듬어 보고는 화들짝 놀랐다.

"앗, 내 지갑! 지갑이 없잖아."

순간, 뒤따라오던 아이들의 얼굴이 하얗게 질렸다.

"지갑에 옐로우의 지폐가 있어."

"아까 그 남자, 소매치기가 분명해."

현서가 남자가 사라진 쪽으로 제일 먼저 뛰어갔다.

"소매치기예요, 잡아 주세요!"

이루와 장오도 소리치며 쫓아갔다.

"얘들아, 그냥 돌아와. 지갑보다 내 숙제가 더 급하다고."

스크루지도 아이들을 따라 뛰며 소리쳤다.

아이들은 젖 먹던 힘을 다해 뛰었다. 조금만 더 가면 소매치기를 잡을 수 있을 것 같았다.

소매치기는 뒤따라오는 아이들을 힐끗 보더니 갑자기 지나가는 마차를 세워서 올라탔다. 아이들은 더 이상 쫓지 못하고 길바닥에 주저앉아 버렸다.

"옐로우의 지폐가 없으면 박물관으로 돌아갈 수 없는데, 어쩜 좋아."

현서는 울상이었다. 금방이라도 눈물을 줄줄 흘릴 것 같았다.

바로 그때, 마차 한 대가 오더니 아이들 앞에 섰다.

"마차로 도망가면 마차로 쫓아야지. 어서 타라, 내가 따라 잡아 주마."

마부가 자신있게 말했다.

아이들은 누가 먼저랄 것도 없이 우르르 마차에 올라탔다. 뒤따라오던 스크루지가 내리라고 소리쳤지만, 아이들은 들은 척도 하지 않았다. 할 수 없이 스크루지도 출발하려는 마차에 뛰어 올랐다.

"빨리요, 빨리! 조금만 더 가면 따라잡을 수 있어요."

아이들이 마부를 응원했다.

마부가 소매치기가 탄 마차를 아슬아슬하게 따라잡았고, 아이들이 밖을 내다보며 외쳤다.

"마차 세워요. 저 남자, 소매치기라고요."

소매치기를 태운 마차는 아랑곳하지 않고 내달렸다. 아이들을 태운 마부가 가까스로 앞질러 나가 그 앞으로 마차를 세웠다.

"야호!"

아이들은 서로 부둥켜안고 환호성을 질렀다.

"얼른 내려서 소매치기를 잡자."

그런데 어쩐 일인지 마차 문이 꿈쩍도 하지 않았다. 현서와 이루, 장오 셋이 힘을 합쳐 밀어도 마찬가지였다.

"문이 잠겼어요. 열어 주세요!"

하지만 마부는 들은 척도 않고 마차에서 내렸다. 그러고는 음흉한 미소를 지으며 소매치기에게 다가갔다. 마부와 소매치기는 자기들끼리 쑥덕쑥덕 낄낄거렸다.

"아무래도 우리가 속은 것 같아. 저 마부가 소매치기한테 돈까지 받았어."

이루의 목소리에 절망이 묻어났다.

아니나 다를까, 마부는 소매치기의 어깨를 두드리고는 자기 옆자리에다 태웠다.

"뭐 하는 거야, 이 사기꾼들아!"

아이들이 내려 달라고 아우성을 쳤지만 두 남자는 아랑곳하지 않고 마차를 몰았다.

"늙은이는 버리고, 애들은 굴뚝 청소부로 팔아넘기자고."

"돈은 반반!"

"말해 뭐 하겠나. 어서 가세, 이랏!"

마부는 비열하게 웃으며 더욱 채찍질을 휘둘렀다.

"우릴 굴뚝 청소부로 팔아넘긴대."

마차 앞쪽으로 가서 마부가 하는 소리를 들은 장오의 눈이 휘둥그레졌다.

"이런 망할 놈들을 봤나. 애들을 마구잡이로 데려다 팔아치우는 놈들이 있다더니 바로, 너희 놈들이구나. 아무리 돈이 좋기로서니 어린애들을 팔아넘겨? 이놈들아, 얼마면 돼? 얼마를 주면 놔줄 건지 어서 말해!"

스크루지는 마차를 부술 듯이 발로 차대며 소리를 질렀다.

“스크루지 할아버지, 우리를 구하기 위해 돈을 내놓는다고 했어요, 지금?”

장오가 믿을 수 없다는 얼굴로 물었다.

“그런 눈으로 쳐다보지 마라. 나 아직 안 죽었다. 내 어떻게든 너희를 구해 주마.”

스크루지의 말에 장오는 크게 감동했다.

“얘들아, 이 할아버지 우리가 생각한 것만큼 나쁜 사람은 아닌가 봐.”

장오는 고약하게만 굴던 스크루지의 본마음이 드러나자 놀라지 않을 수 없었다. 말리 유령과 밥이 스크루지를 감싸고 도는 이유를 이제야 알 것 같았다. 다른 아이들도 감동하기는 마찬가지였다.

그 사이 아이들을 태운 마차는 도심을 벗어나 허허벌판을 달렸다. 스크루지의 집과는 정반대로 가고 있었다.

"그나저나 저놈들 주머니에서 옐로우의 지폐를 찾는 게 먼저예요."

현서가 어금니를 악물고 말했다.

"시간이 없어. 이렇게 된 거 스크루지 할아버지 사업에 대한 아이디어를 적어 보자. 어차피 마차가 설 때까진 할 수 있는 일이 없잖아."

이루가 냉정을 되찾고 수첩을 꺼냈다.

"그래, 하는 데까지 해 보자."

현서도 수첩과 펜을 꺼내 들었다.

이루와 현서는 그동안 있었던 일들에 대해 이야기를 주고받으며 뭔가를 열심히 적었다.

"삼십 분밖에 안 남았다……, 애들아, 이젠 틀렸어. 집에 돌아가기도 모자란 시간이야."

"크리스마스 유령들이니까 할아버지가 어디 있든 찾아올 거예요. 숙제만 마치면 된다고요."

장오가 절망에 빠진 스크루지를 위로했다.

"장오라고 했니? 고맙구나. 그리고 미안하다. 아까, 옐로우의 지폐를 너희들에게 먼저 줬어야 했는데……."

스크루지는 모든 걸 포기한 듯 체념했다. 하지만 아이들이 진지하게 논의를 하는 걸 보면서 생각이 바뀌었다.

'아이들도 포기하지 않는데, 내가 어리석었어……. 그래, 마지막까지 최선을 다해 보자.'

그러고는 이번 생에 마지막으로 할 수 있는 일이 무엇일까, 생각하기 시작했다.

"이십 분 남았어."

장오가 초조한 목소리로 말하다가 주위를 둘러보았다.

"그런데 말리 유령은 또 어디 간 거야? 숙제를 다 했는데도 송이를 만나지도, 구하지도 못하면 어떡해."

"말리 유령은 벌써 스크루지 할아버지 집으로 갔는지도 모르지. 숙제를 마치면 어떻게든 송이를 원래대로 되돌릴 수 있을 거야. 걱정하지 마."

이루는 송이를 다시 만나면 무슨 사정이 있었는지 물어보고, 친구들 앞에서 창피를 준 일도 사과해야겠다고 다짐했다.

머리를 맞대고 열심이던 이루와 현서가 스크루지 앞에 수첩을 펼쳐 보였다.

"행복을 멀리서 찾을 필요 있나요? 그래서 아까 밥 아저씨의 가족과 프레드 아저씨를 보면서 그들에게 필요한 것들을 정리해 봤어요. 필요한 것을 얻으면 행복해지잖아요. 이걸 보시면 '이웃과 함께하는 행복한 사업 계획서'를 만드시는 데 도움이 될 거예요."

현서가 수첩에 적은 내용을 스크루지에게 꼼꼼히 설명해 주었다.

스크루지가 이루를 보며 말했다.

"하나 빠진 게 있구나. 밥은 한 푼이라도 더 벌기 위해 휴일도 없이 출근했단다. 가족과 함께 보낼 시간을 줬어야 했는데……."

"맞아요. 어른들에게도 쉴 시간이 필요해요. 우리 아빠도 늘 일에 묶여 살거든요."

장오는 평일에 늦게까지 일하고 주말에도 출근할 때가 있는 아빠를 생각했다.

"그래, 억지로라도 밥 아저씨에게 쉴 수 있는 시간을 주는

## 벨린다 가족의 상황과 필요한 것

| 인물 | 현재 상황 | 필요한 것 |
|---|---|---|
| 팀 | 몸이 아파서 늘 집에만 있어야 한다. | 제대로 된 병원 치료와 돌봄 |
| 마사 | 모자 디자이너가 되고 싶지만 사장이 잡일만 시켜서 디자인을 배울 수 없다. | 모자 디자인을 배울 기회 |
| 벨린다 | 학교도 못 다니고 머드락스로 일하지만 간호사가 되고 싶다. | 학교에서 공부하기 |
| 엄마 | 돈이 없어서 아이들을 잘 먹이지 못한다. | 가족을 위한 풍성한 식탁 |
| 밥 | 스크루지 말리 회사에서 밤낮없이 일한다. | 팀의 병이 낫기만을 바랄 뿐 |
| 프레드 | 일자리를 잃었으나 소비자 협동조합을 세울 꿈을 꾸고 있다. | 운영 자금 |

게 좋겠어."

현서도 장오 말에 호응해 주었다.

"내가 살아 있는 동안은 밥의 가족을 돌보도록 하마. 그동안 무엇을 위해 구두쇠로 살아왔는지 모르겠구나. 돈만 있으면 행복할 줄 알았는데, 제대로 써 보지도 못할 돈을 모으기 위해 평생을 바쳤다니……."

스크루지는 살아온 인생을 후회하며 손수건으로 자신의 얼굴을 덮었다.

"평생 구두쇠 소리를 들으며 악착같이 돈을 모은 스크루지는 의미 있고 가치 있는 일에 돈 쓰기를 원한다!"

이루는 스크루지와 친구들이 한 말들도 수첩의 빈칸에 적어 넣었다.

때마침, "뎅!" 하고 새벽 두 시를 알리는 첫 번째 괘종소리가 들려왔다.

"헉! 유, 유령의 시간이야."

장오가 깜짝 놀라 소리쳤다.

"크리스마스 유령님, 이 마차로 오세요. 우리가 숙제를 했어요. 여기예요, 여기."

혹시라도 크리스마스 유령이 자기들을 못 찾을까 걱정이 된 이루는 마차의 작은 창문 밖으로 수첩을 높이 들고 흔들었다.

"잘했어, 이루야. 어찌되었든 크리스마스 유령을 만나야 사업 얘기라도 해 볼 거 아냐."

아이들은 너 나 할 것 없이 하늘 높이 손을 흔들며 '크리스마스 유령님'을 외쳤다.

그때였다. 마차 위로 옐로우의 지폐가 붕 떠올랐다. 소매치기가 훔친 스크루지의 지갑에서 나온 것 같았다. 지폐는 속도를 내며 달리는 마차를 따라 날았다. 이루가 간신히 손을 뻗어 옐로우의 지폐를 잡았다.

그 순간 달리던 마차도, 마부도, 소매치기도 모두 바람에 흩어지듯 사라져 버렸다. 광활한 벌판이 복잡한 도시로 바뀌더니 아이들과 스크루지는 어느새 스크루지의 집 거실에 와 있었다.

"뎅!"

새벽 두 시를 알리는 마지막 종소리가 울렸다. 거실 창문이 닫혀 있었지만 어디선가 차가운 바람이 불어왔다. 바람은 실내를 밝히고 있던 촛불을 모두 꺼 버렸다.

끄윽~,
살려 주세요~.

"스크루지, 우리가 왔다!"

정신을 차릴 새도 없이 아이들과 스크루지의 눈앞에 크리스마스 유령들이 나타났다. 다들 숨이 멎은 듯 옴짝달싹하지 못했다.

어둠을 뚫고 나타난 크리스마스 유령들의 모습은 기묘하고 괴기스러웠다. 촛불은 꺼졌지만 유령이 들고 있는 횃불 때문에 생김새를 자세히 볼 수 있었다.

첫 번째 유령은 치렁치렁한 백발에 초록색 가시나무로 만든 관을 쓰고 있었다. 담요 같은 꽃무늬 흰색 가운을 입고, 번쩍이는 황금색 띠로 허리를 꽉 조여 맸다. 움직일 때마다 생김새가 바뀌어서 보는 사람의 정신을 쏙 빼놓았다.

두 번째 유령은 한 손에는 횃불, 또 다른 손에는 향주머니를 들고 있었다. 흰 털이 달린 초록망토를 두르고 있었는데 망토 자락 안에서 뭔가가 계속 꿈틀거렸다. 금방이라도 망토 밖으로 나와 아이들을 잡아채 갈 것 같았다.

세 번째 유령은 붉은 망토를 머리에서 발끝까지 뒤집어썼는데, 숨을 쉴 때마다 차갑고 습한 기운을 내뿜었다. 마치 저승에서 온 사자 같았다.

스크루지는 벌써부터 이마를 바닥에 처박고 덜덜 떨고 있었다.

"약속한 숙제는 해 놓았겠지, 스크루지?"

유령의 목소리는 으스스하고 축축했다.

"그렇지 않아도 기다리고 있었어요."

유령이 무섭긴 했지만 장오가 겁에 질린 스크루지를 대신해 용기 있게 나섰다.

"우린 스크루지와 나눌 얘기가 있으니, 너희는 비켜라."

횃불을 든 유령이 다가오자, 장오는 주춤주춤 뒷걸음질했다.

"스크루지 할아버지는 지금, 몸도 마음도 아파요. 숙제 얘기는 우리랑 해요."

현서가 주먹을 꼭 쥐고 장오 앞으로 나서서 말했다.

"우리가 왜 여기 왔는지 안다는 거냐?"

"물론이에요. 마음에 드실지 모르겠지만 저희도 꽤 노력했어요."

이루는 사업 계획이 완벽하다고 생각되진 않았지만 그래도 유령들에게 수첩을 내보였다. 어쨌거나 이제 결과를 받아들이는 수밖에 없었다.

"좋다. 무엇을 했는지 한번 보도록 하지."

붉은 망토를 뒤집어쓴 유령이 수첩에 손을 뻗었다. 그런데 방금 전까지만 해도 다 죽어 가던 스크루지가 무슨 마음을 먹었는지 무릎걸음으로 기어 나왔다.

"이제부턴 제, 제가 설명하겠습니다. 저의 숙제니까요."

아이들은 스크루지를 걱정 어린 눈으로 지켜보았다.

붉은 망토 유령의 고개가 스크루지를 향했다. 망토에 가려져 얼굴이 보이진 않았지만, 섬뜩한 기운에 등골까지 서늘해질 지경이었다.

크리스마스의 세 유령이 스크루지를 빙 둘러쌌다. 유령들이 이루에게 받은 수첩을 펼쳐 들었고, 스크루지가 작은 소리로 설명하기 시작했다. 아이들은 귀를 기울였지만 잘 들리지 않았다.

팽팽한 긴장감이 유령의 횃불이 만들어 낸 거실 벽의 그림자를 따라 일렁였다.

"무슨 얘기를 하는 걸까?"

이루는 유령들 틈으로 보이는 스크루지를 계속 좇았다.

진작부터 거실에 있었던 말리 유령과 송이 금화도 한 귀퉁이에서 숨죽이고 상황을 지켜봤다.

스크루지의 이야기가 끝나자 크리스마스 유령들은 눈빛을 주고받았다. 그러고는 아이들을 횃불 밑으로 모이게 했다.

"제법이구나. 아주 훌륭해."

횃불 유령의 칭찬에 마음이 놓인 아이들이 그제야 한숨을 내쉬었다.

스크루지는 죽었다가 살아난 사람처럼 얼굴에 혈색이 돌아오고 있었다.

"우리에게 설명한 대로 사업을 해 볼 텐가, 스크루지?"

"두말하면 입 아프죠. 꼭 그대로 하겠습니다, 유령님!"

"두고 보겠다. 스크루지! 이제, 구두쇠 스크루지가 아니라 존경받는 기업가로 다시 태어나도록!"

"아무렴요, 유령님!"

스크루지는 연신 머리를 조아렸다.

"날이 밝는 대로 트라팔가 광장에 나가 사람들에게 이 사실을 알려라. 신문사에도 제보해서 더 많은 사람들에게 알리도록……. 그리고 이건 스크루지를 돕느라 애쓴 너희에게 주는 크리스마스 선물이다."

횃불 유령은 향주머니에서 행복 물방울을 꺼내 아이들과 스크루지의 머리 위에 뿌렸다.

횃불 유령이 뿌린 물방울이 흩어지면서 만들어 낸 달콤하고 따뜻한 향이 거실을 가득 채웠다. 크리스마스 유령들이 사라지자 꺼졌던 촛불이 되살아났다. 아이들의 마음에는 걱정이 사라지고 크리스마스 밤에 어울리는 행복이 밀려왔다. 스크루지의 얼굴도 전등이 켜진 듯 전에 없이 밝았다.

"얘들아, 고맙구나. 말리, 자네도 고맙네. 우리는 나중에, 아주 나중에 천국에서 다시 만나세."

촉촉한 스크루지의 눈에 비친 말리 유령의 눈시울도 붉게 변해 있었다.

장오가 스크루지에게 말했다.

"이제 옐로우의 지폐를 돌려주세요."

현서는 말리 유령에게 당당하게 요구했다.

"우리 송이도 원래대로 돌려주세요."

"크리스마스 유령의 숙제를 우리가 도왔고, 칭찬도 받았어요. 아주 훌륭하다고 말이죠."

이루가 쐐기를 박았다.

"알았다, 알았어."

스크루지가 안주머니를 뒤졌다. 지갑이 그대로 있었다. 스크루지는 지갑에서 옐로우의 지폐를 꺼냈다. 돌려주려니 살짝 아까운지 또 망설였다.

장오가 잽싸게 옐로우의 지폐를 맞잡았다. 스크루지는 장난이라며 호탕하게 웃고는 지폐에서 손을 뗐다.

옐로우의 지폐를 챙긴 아이들 시선이 말리 유령을 향했다.

"그래, 알았다. 약속은 지키라고 있는 거지!"

말리 유령은 쇠사슬에 매어 있는 송이 금화를 향해 얇은 입술로 후우, 입김을 불어넣었다. 금화가 꿈틀꿈틀하더니 크게 부풀어 올랐다. 반짝반짝 빛을 발하다 어느새 송이가 되어 기지개를 켰다.

"우아~, 송이야!"

아이들이 환호성을 질렀다.

"아, 이제 좀 살겠네. 갑갑해 죽는 줄 알았어."

그동안 마음이 무거웠던 이루가 송이에게 다가갔다.

"이게 다 나 때문이야. 돈 때문에 송이 널 못살게 굴었어. 미안해."

"아니야, 돈을 제때 못 갚은 내가 잘못한 거지. 내가 정말 미안해, 이루야."

송이도 정식으로 사과를 했다.

"원래 모습으로 돌아와서 정말 다행이야."

반갑고 고마운 마음에 이루는 자기도 모르게 송이를 덥석 안았다.

"켁켁! 이제 겨우 숨을 쉬나 했더니만……."

송이는 이루의 포옹이 멋쩍어서 툴툴거리면서도 환하게 웃었다.

### 옐로우의 수업노트 · 09

여기서 잠깐! 친구들과 스크루지가 달리는 마차에서 사업을 구상할 때, 말리 유령과 금화 송이는 무엇을 하고 있었을까?

## 실전, 사업 계획하기

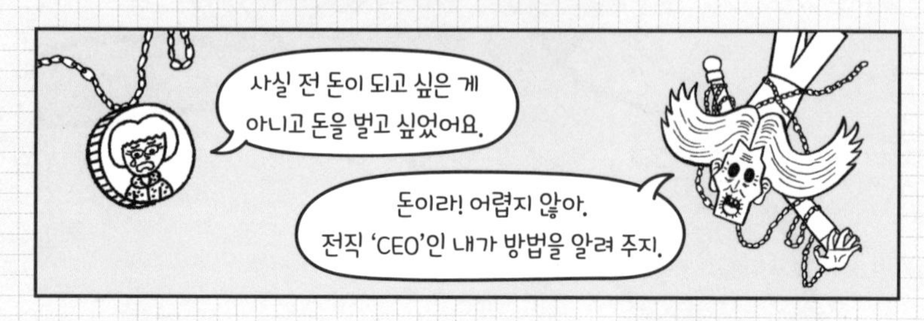


### 1) 사업 방향

**사람들에게 필요한 것은 무엇일까?**

가족이나 친구들이 겪고 있는 문제를 생각해 보렴. 어렵지 않게 사업의 방향을 정할 수 있어.

어른들은 아이들 선물을 고르는 일이 어렵나 봐요. 사촌들 생일 때면 할머니께서는 어떤 선물이 좋을지 저에게 물어보세요. 할머니는 늘 제 대답에 만족하셨어요.

**어떤 사업을 하면 좋을까?**

송이에게 그런 재능이 있었구나. 할머니 같은 분들의 문제를 어떻게 해결해 줄 수 있을까?

아이들이 좋아하는 상품으로 선물 꾸러미를 만들 거예요. 어른들은 고민을 덜고 아이들은 유행하는 선물을 받을 수 있어요. 상품의 이름은 '송이송이 깜짝 선물 꾸러미'로 할래요.

### 사업을 해서 무엇을 얻고 싶니?

왜 사업을 시작했는지, 사업을 통해 무엇을 얻고 싶은지 목표를 정해 두렴. 어려운 일이 있을 때도 이겨 낼 수 있도록 말이야.

방학 동안만이라도 제 용돈은 제가 벌어서 쓰고 싶어요. 동생에게 맛있는 떡볶이를 사 줄 수 있고, 엄마에게도 도움이 될 거예요.

## 2) 사업 방법

### 어떤 상품을 만들까?

사업의 방향이 결정되었다면 실제로 어떤 상품을 만들지 생각해 보자. 세상에 없는 새로운 것을 찾아내겠다고 생각하면 어려울 수 있어. 지금 있는 물건이나 서비스를 더 좋게 만들 수 있는 방법이 무엇일지 고민해 보면, 쉽게 아이디어를 떠올릴 수 있을 거야.

스티브 잡스가 핸드폰과 인터넷을 합쳐서 스마트폰을 만든 것처럼 말이지요. 하하, '송이송이 깜짝 선물 꾸러미'도 원래 있는 상품을 모아서 새로운 상품으로 탄생시킬 거라고요.

### 누구에게 상품을 팔까?

만든 물건을 누구에게, 언제 팔 수 있을까 생각해 봐.

'송이송이 깜짝 선물 꾸러미'를 방학 때 팔아 보고 싶어요. 겨울 방학에는 크리스마스, 졸업식 등이 있잖아요. 손자, 손녀가 있는 할아버지, 할머니들께 상품을 팔 거예요.

어떤 상품인지 궁금하구나. 샘플을 만들어서 할머니께 미리 보여 드리고 좋은 점과 고쳐야 할 점이 무엇인지 조언을 들어 보렴. 실패를 줄일 수 있단다.

좋아요! 친구들에게도 물어봐야겠어요. 받는 사람이 좋아해야 하니까요.

**어떻게 상품을 알릴까?**

사람들이 너의 상품을 알아야 사겠지? 탐스 신발(091쪽 참고)이 출시되자 할리우드 스타들은 스스로 사 신고, SNS에 사진을 올렸단다. 덕분에 세상에 널리 알려졌지. 그렇게 되기까지 신발을 만든 이유를 사람들에게 알리기 위해서 많은 노력을 기울였을 거야.

광고 영상을 만들어서 유튜브에 올려 볼래요. 홍보지를 만들어서 동네 아파트 우편함에 넣어 두는 것도 좋겠어요.

### 3) 비용과 이윤

**사업을 하면 얼마를 벌 수 있을까?**

가격은 신중하게 결정해야 해. 가격이 낮으면 손해를 볼 수 있고 높으면 팔리지 않아. 먼저 상품 제작에 드는 비용을 계산해 보렴.

선물 꾸러기에 들어가는 재료는 5,000원짜리 제품 3개 예요. 포장과 홍보 비용도 계산해야겠죠. 또 임금도 계산하고, 기업 이윤도 적용해 볼게요.

재료비(15,000원) + 포장지(2,000원) + 홍보지(1,000원)
= 상품 원가(18,000원)

상품 원가(18,000원) + 임금(8,590원×1시간)
= 상품 총원가(26,590원)

상품 총원가(26,590원) + 기업 이윤(상품 가격의 10%=2,659원)
= 상품 정가(29,249원)

올림하여 상품 정가는 30,000원으로 할 거예요.

상품을 판 가격에서 상품을 만들 때 쓴 비용을 빼면 얼마를 벌 수 있는지 예측할 수 있어.

상품 정가(30,000원) - 상품 원가(18,000원)
= 매출 이윤(12,000원)

우아! 일주일에 2개씩 팔면 한 달이면 8개를 팔 수 있어요.

12,000원 × 8개 = 96,000원

한 달에 내가 벌 수 있는 돈은 96,000원! 한 달 용돈으로 나쁘지 않지요?

앗, 그런데 친구들은 어디로 간 거지? 이런, 크리스마스 유령이 나타날 시간이야. 스크루지의 집으로 빨리 가자.

## 11

# 모두 함께 행복한 사회를 위하여

드디어 크리스마스 아침이 밝았다. 사람들이 트라팔가 광장으로 모여들었다.

"프레드 아저씨가 소비자 협동조합을 설명하면 분명히 다들 좋아할 거예요."

현서가 기대에 찬 목소리로 말했다.

"뭐? 내 연설을 듣기 위해서 사람들이 모인 게 아니란 말이야?"

잔뜩 들떠 있던 스크루지는 금세 실망한 표정이 되었다.

"할아버지도 참……. 주인공은 원래 마지막에 등장하는 거예요. 어쨌든 인기 많은 프레드 아저씨 덕분에 사람들이 이렇게 많이 모였잖아요."

광장에 모인 사람들을 둘러보며 송이가 스크루지를 다독였다.

"맞아. 스크루지 할아버지만 나온다고 했으면 아무도 안 왔을 거야."

오늘도 장오는 스크루지 옆에 딱 붙어서 이런저런 시비를 걸며 놀렸다. 스크루지는 귀엽다가 얄미웠다가 하는 고얀 놈이라며, 장오의 머리에 꿀밤을 먹였다.

광장을 가득 메운 사람들을 보고 이루는 가슴이 벅차올랐다. 스크루지의 사업 설명을 듣고 사람들이 어떤 반응을 보일지 벌써부터 긴장되고 설레었다.

"역사적인 날이군."

스크루지가 비장한 얼굴로 말했다.

프레드가 광장의 연단에 올라서자, 사람들의 눈과 귀가 그에게 쏠렸다. 프레드는 자신의 사업 계획을 사람들이 알아들 수 있게 차근차근 설명해 나갔다.

"프레드 소비자 협동조합의 조합원이 되어 주세요. 조합원들이 돈을 모아 대량 구매를 하면 보다 싼 가격으로 좋은 물건을 살 수 있습니다. 나아가 저는 조합원과 뜻을 모아 조합원들이 물건을 직접 생산하고 소비할 수 있는 시스템을 만들 생각입니다. 좋은 일자리가 만들어지고 우리의 삶도 조금씩 안정되어 갈 것입니다."

프레드의 사업 설명은 성공적이었다. 광장에 모인 사람들이 너도나도 조합원이 되겠다고 나섰다. 프레드는 벅찬 마음으로 연단에서 내려왔다.

다음은 스크루지 차례였다. 하지만 막상 사람들 앞에 서려니 긴장되었다.

"사람들이 과연 내 이야기를 믿어 주기나 할까? 비난과 야유가 쏟아지면 어쩌지?"

스크루지는 연단에 올라서지 못하고 망설이자, 프레드가 용기를 주었다.

"제가 사람들한테 잘 얘기해 놨어요. 삼촌이 모두를 위해 멋진 계획을 준비했다고 말이죠. 설명이 끝나면 다들 삼촌을 존경하게 될 걸요."

"존경이라고? 정말로 내가 그런 사람이 될 수 있을까?"

"아휴, 어서 나가기나 하세요!"

장오가 스크루지를 연단으로 떠밀다시피 했다.

엉겁결에 연단에 선 스크루지는 손가락만 꼼지락거렸다. 광장을 가득 메운 사람들을 보자 입술이 달라붙은 것 같았다.

사람들은 쥐 죽은 듯 조용히 스크루지의 얼굴을 쳐다봤다.

"빨리 좀 하지. 왜 뜸을 들이는 거야. 사람 숨넘어가게."

스크루지가 한참을 망설이자 다들 못 참겠다는 듯 여기저기서 수군대는 소리가 들려왔다.

"놀랄 만큼 획기적인 사업이라고 프레드가 말하던데……."

"모르지, 구두쇠 스크루지가 무슨 말을 하는지. 우선 들어나 보자고."

사람들은 크게 기대하는 눈치는 아니었다.

"메, 메리 크리스마스!"

스크루지가 어색하게 말문을 열었다. 하지만 사람들의 곱지 않은 시선에 기가 꺾였다.

"힘내요, 스크루지 할아버지. 크리스마스 유령도 설득하셨잖아요."

장오는 두 손을 입에 모으고 큰 소리로 격려했다. 장오와 눈이 마주친 스크루지는 두 주먹을 한 번 꽉 쥐고 나서 사업 계획이 적힌 종이를 꺼내 들었다.

"흠흠! 저는 오늘 중대한 결심을 하고 이 자리에 섰습니다. 그동안 여러분이 알고 있던 저는 구두쇠 스크루지였습니다. 하지만 오늘 이 순간부터 투자가 스크루지로 살고자 합니다."

"뭐어? 구두쇠 스크루지가 투자를 한다고?"

광장 일대가 술렁거렸다. 웅성거리는 소리들로 광장은 금세 소란스러워졌다. 스크루지는 흔들리지 않고 차분히 연설을 이어 나갔다.

"나는 노동자들의 행복과 미래를 생각하는 기업에 투자할 것입니다."

광장이 곧 조용해졌다. 스크루지의 떨리던 목소리가 점점 우렁차게 변하면서 광장을 덮었다.

스크루지는 여태껏 설명한 내용을 다시 한번 정리해서 힘주어 말했다.

"우리가 투자하는 회사의 노동자는 행복할 것입니다. 행복한 노동자는 열심히 일할 것입니다. 행복한 노동자가 열심히 일하는 기업은 성장하고 발전할 것입니다. 기업의 이익은 늘어날 것이고, 스크루지의 투자 이익도 늘어날 것입니다. 저희 '말리 스크루지 투자회사'는 늘어난 투자 이익으로 이웃이 건강하고 행복하게 살 수 있도록 더 많이 투자할 것을 약속합니다."

마침내 연설이 끝났다. 스크루지는 가슴이 뿌듯했다.

그러나 광장은 그 어느 때보다 조용했다. 사람들이 프레드를 향해 환호하던 때와는 전혀 다른 반응이었다. 실망한 스크루지는 어깨를 축 늘어뜨리고 연단에서 돌아섰다.

바로 그때 광장에서 우레와 같은 박수와 환호가 터져 나왔다.

"스크루지 만세!"

"구두쇠 스크루지, 아니 투자가 스크루지 만세!"

## 〈말리 스크루지 투자회사 사업 개요〉

| 회사 이름 | 말리 스크루지 투자회사 |
| --- | --- |
| 사업목표 | 이웃과 함께 잘 사는 기업을 만들자 |
| 사업 아이템 | 기업 투자 |
| 사업 비전 | 착한 투자, 행복한 노동자, 성장하는 기업의 선순환 |

## 〈사업 선서문〉

내가 행복하려면 이웃이 행복해야 한다. 이웃이 행복하려면 좋은 노동 환경이 마련되어야 한다. 우리는 좋은 노동 환경을 만들어 나가는 기업에 적극적으로 투자한다. 우리가 투자할 회사는 세 가지 원칙을 지킨다.

1. 정당한 임금을 지불하고, 정해진 시간 동안만 일을 하도록 한다.
2. 노동자와 그들의 아이들이 교육받을 수 있는 기회를 제공한다.
3. 안전한 작업환경을 만들고, 작업장에서 발생하는 사고에 적극적으로 책임진다.

## 〈말리 스크루지 투자회사의 수익 구조〉

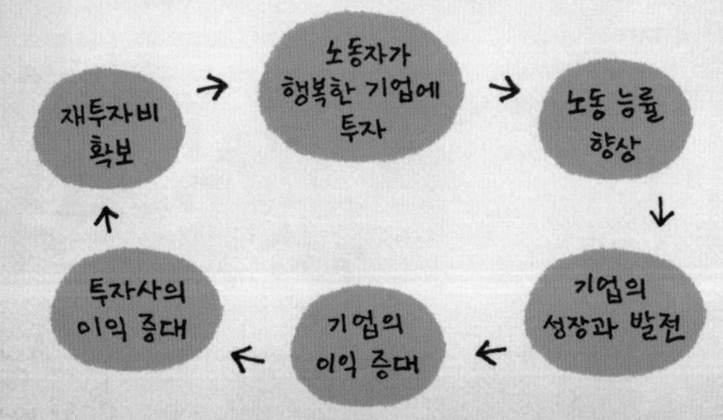

말리스크루지투자회사
짜악 짜악 짜악 짜악 짜악
투자가 스크루지 만세!!
스크루지 만만세!!

광장에 모인 사람들은 스크루지의 약속에 크게 감동했다. 스크루지의 희망에 찬 연설을 듣는 것만으로도 힘든 삶에 위로를 받았다.

"스크루지 만세! 투자가 스크루지 만세!"

스크루지는 어안이 벙벙했다. 이게 꿈인가 싶었다. 이토록 열렬한 응원을 지금껏 받아 본 적이 있었던가. 사람들의 환호성에 가슴이 뭉클했다. 저도 모르게 눈시울이 붉어졌다.

말리 유령이 스크루지에게 다가가 속삭였다.

"스크루지, 정말 고맙네. 사업 생각도 훌륭하고, 무엇보다 회사 이름 앞에 내 이름을 먼저 써 주었군. 전엔 스크루지 말리 상회였는데……."

그러자 스크루지가 고개를 끄덕였다.

"당연히 그래야지. 나를 위해서 자네가 지금까지 애써 주지 않았나. 꼬마들도 데려와 주고 말이야. 정말 고맙네, 내 친구 말리. 고마워……."

그 말에 말리 유령은 눈물을 머금은 채 미소 지었다.

저 멀리서 밥이 스크루지를 향해 달려왔다.

"사장님, 멋져요! 사람들이 사장님을 구두쇠니 뭐니 욕할 때에도 저는 알았어요. 사장님이 좋은 분이란 걸 말이죠."

"고맙네, 밥."

"그런데 사장님, 저희 팀의 병원비가 필요해서 그런데……. 제게 돈을 좀 빌려주실 수 있을까요?"

밥은 조심스럽게 말을 꺼냈다.

"돈이 필요한 사람들에게는 낮은 이자로 빌려줄 생각이네만, 그렇다고 아무한테나 막 빌려줄 수는 없지. 빌려 간 돈을 어떻게 갚을지 계획을 세워 오면 그때 생각해 보겠네."

스크루지는 순간 자신을 노려보는 장오의 눈과 마주쳤다. 아차, 싶었다.

"하지만 밥, 자네는 우리 회사 직원이잖은가. 자네 아들 팀의 치료비는 직원 복지 차원에서 내가 대 줌세."

"정, 정말이십니까, 사장님?"

밥은 기쁘고 고마워서 몸 둘 바를 몰라했다.

"밥 아저씨가 행복하면 회사 일도 더 잘할 수 있을 거야. 스크루지 할아버지한테도 좋은 일이지 뭐야."

장오는 엄지손가락을 추켜세우고 스크루지에게 씨익 웃어 보였다.

"모든 게 잘 마무리된 것 같아. 스크루지 할아버지 사업이 성공하면 벨린다와 마사도 교육을 받고 꿈을 이룰 수 있을 테니까."

현서가 손바닥을 탁탁 시원스럽게 털었다.

"너희 덕분에 용기를 얻었어. 정말 고마워."

프레드가 아이들에게 인사를 했다.

"프레드 아저씨의 멋진 생각 덕분에 저도 한 수 배웠어요. 언젠가 기업가가 되면 직원들에게 아저씨 이야기를 꼭 들려주고 싶어요."

이루는 어느 때보다 반짝이는 눈빛으로 프레드를 올려다보았다.

"고맙구나. 지금도 이렇게 훌륭하게 스크루지 삼촌의 사업 계획을 도왔는데 얼마나 멋진 기업가가 될지 무척 기대되는걸!"

프레드가 이루에게 눈을 찡긋해 보였다.

"프레드 협동조합의 조합원이 말리 스크루지 투자회사가 투자한 회사의 물건을 사면 좋겠어요. 그리고 조합원들은 자신들이 원하는 제품이 무엇인지 기업에 아이디어를 주면 좋을 것 같아요. 기업이 좋은 물건을 생산할 수 있도록 돕는 방법이지요."

프레드의 칭찬에 신이 난 이루는 프레드와 스크루지의 사업 설명을 들으며 떠오른 생각들을 꺼내놓았다.

“정말 천재로군. 어떻게 그런 생각을 할 수 있지?”
“이게 다, 꿩 먹고 알 먹고, 도랑 치고 가재 잡고, 그러는 거죠.”
장오가 턱을 치켜들고 한껏 거드름을 피웠다.
“얘들아, 우리 파티 열자! 이렇게 기쁜 날은 맛있는 음식을 나눠 먹으며 즐겨야 하잖아.”
강아지처럼 광장을 뛰어다니던 송이가 신난 목소리로 제안했다.
“파티라고?”
“그래, 파티. 구두쇠 스크루지 할아버지가 투자가로 새롭게 태어난 역사적인 날이잖아.”
“게다가 오늘은 축복받은 크리스마스란 말이지.”
장오가 의미심장하게 웃으며 옐로우의 지폐를 꺼내 들고 말했다.
“저렇게나 사람들이 많은데, 옐로우의 지폐 한 장으로 파티를 열 수 있을까?”
이루는 난처한 얼굴로 광장에 있는 사람들을 바라봤다.
“걱정 마라. 오늘은 내가 다 내마. 구두쇠 스크루지를 새사람으로 만들어 준 꼬마 친구들에게 은혜를 갚아야지.”

스크루지는 흔쾌히 지갑을 열었다. 그러고는 돈을 꺼내 하늘 높이 쳐들면서 외쳤다.

"파티다!"

사람들의 환호성이 또다시 광장에 울려 퍼졌다.

천막이 줄줄이 들어서고 탁자가 여기저기 펼쳐졌다. 사람들은 그 위로 칠면조 요리와 집에서 가져온 포도주를 놓았다. 집에만 있던 이웃들까지 광장으로 나와 그야말로 왁자지껄한 크리스마스 파티를 즐겼다.

이웃들이 행복해하는 모습을 보며 스크루지는 뭉클해지는 가슴을 부여잡고 중얼거렸다.

"함께 나누면 이토록 행복한데 왜 좀 더 일찍 깨닫지 못했을까!"

그때, 스크루지의 눈에 흰 손수건에 덮인 바구니가 들어왔다. 깜짝 놀란 스크루지는 눈길을 따라가다 쿠키 바구니를 든 나이 지긋한 여인을 보았다.

심장이 콩닥콩닥 뛰었다. 자신의 집 앞에 쿠키를 놓고 간 여인이 분명했다. 스크루지는 고맙다는 말을 하려고 여인에게 다가갔다. 하지만 한 멋쟁이 노신사가 먼저 여인 옆으로 왔고,

여인이 노신사의 팔짱을 끼는 게 아닌가.

"스크루지 할아버지를 좋아하는 할머니인 줄 알았는데, 다른 멋진 할아버지와 함께 계시네요."

스크루지를 지켜보고 있던 장오가 실망한 스크루지에게 다가가 인연은 따로 있다며 등을 토닥였다. 스크루지는 장난스레 웃고 있는 장오를 흘겨보았다. 장오는 그래도 쿠키 맛은 봐야 하지 않겠냐며 스크루지를 끌고 여인에게로 갔다.

"와, 이 쿠키, 정말 먹고 싶었어요."

쿠키 냄새를 맡고 송이도 저쪽에서 뛰어왔다.

"어젯밤에 프레드가 부탁했어요. 광장에 나온 아이들에게 줄 쿠키를 좀 구워 오면 어떻겠냐고 말이죠. 내가 만든 빵과 쿠키를 사람들이 좋아할 거라면서……."

여인이 인자한 웃음을 지으며 말했다.

"조카가 삼촌보다 역시 한 발 빠르네요."

장오의 말에 아이들이 너 나 할 것 없이 웃었다.

"쳇! 고약하군, 다들."

스크루지는 이래저래 마음이 상했다.

"스크루지, 당신이 이렇게 멋진 일을 하다니, 정말 대단해요. 존경스러워요."

여인이 스크루지에게 말을 건넸다.

"그렇게 생각해요, 정말로?"

"네, 당신은 사람들을 행복하게 하는 방법을 잘 아는 사람이에요."

여인의 칭찬에 스크루지는 하늘로 날아오를 것 같았다.

광장에 있는 사람들이 스크루지에게 다가와 악수를 나누고 싶다고 했다. 더러 포옹을 하자는 사람도 있었다. 스크루지는 부끄러운 듯 싱글벙글했다.

"이런 게 사는 맛이로군!"

흥에 겨워 노래가 절로 나왔다. 스크루지는 작은 소리로 흥얼거리기 시작했다.

**구두쇠 스크루지가 누군지 나는 몰라~.**

**크리스마스 유령 덕분에 개과천선했다네~.**

**나는야 스크루지~ 런던의 투자가~**

**꼬마 친구들이 내게 신세계를 열어 줬다네~.**

**랄랄라~ 랄랄랄라~ 랄랄라~ 랄랄랄라~**

하늘에서 눈송이가 하나둘 떨어지더니, 이내 함박눈이 되었다. 아이들은 서로의 손을 잡고 빙글빙글 돌며 춤을 췄다. 벨린다와 마사도 어울려 춤을 추며 까르르 웃어 댔다.

"이렇게 예쁜 눈은 처음이야."

송이가 고개를 들자 함박눈이 얼굴에 내려앉았다. 이루와 현서, 장오도 송이를 따라 하늘을 올려다보았다. 눈이 하염없이 계속 내렸다. 아이들은 자기가 더 많이 눈을 맞겠다며 얼굴을 들고 신나게 웃어 댔다.

이루의 목에 걸린 QR카드가 번쩍거렸다. 곧이어 장오의 가방에서 날개 달린 옐로우의 지폐가 스르르 빠져나왔다.

하늘을 나는 옐로우의 지폐를 따라 아이들의 몸이 붕 떴다. 아이들은 여전히 파티의 흥겨움에 빠져 있었다. 장오가 광장을 내려다보며 스크루지를 향해 큰 소리로 인사했다.

"안녕히 계세요, 스크루지 할아버지!"

그러나 스크루지는 장오를 쳐다보지 않았다.

"벨린다, 안녕! 벨린다~!"

현서도 크게 외쳐 보았지만 벨린다는 마사의 손을 잡고 춤만 추고 있었다. 『크리스마스 캐럴』 속의 사람들 눈에는 이제 더 이상 아이들이 보이지 않는 것 같았다.

아이들은 로켓처럼 빠르게 겨울 하늘을 가로질렀다.

쿠키
먹고싶다

옐로우 큐가 노란 중절모를 벗어 가슴에 얹고 체험관으로 돌아온 아이들을 정중히 맞이했다. 옐로우의 지폐는 어느새 Q 배지가 되어 옐로우 큐의 양복 깃에 꽂혀 있었다.

"일을 아주 훌륭하게 해냈더군요. 송이 양도 무사히 돌아와 주어서 다행입니다. 말리 유령이 고맙다는 말을 전해 왔습니다. 그럼 이번엔 세금이 어디에, 어떻게 쓰이는지 알아보러 갈까요?"

옐로우 큐는 노란 중절모를 머리에 다시 썼다.

"네!"

아이들이 힘차게 대답했다. 서로 어깨동무를 하고 옐로우 큐를 따라 조세관으로 향했다.

횃불 유령이 뿌려 준 행복 물방울 덕분일까? 친구들과 힘을 합쳐 멋진 일을 해내서일까?

크리스마스 선물을 받은 것처럼 아이들의 기분은 완전 최고였다.

슈우우웅~

**옐로우의 수업노트 · 10**

『크리스마스 캐럴』 사람들과 인사를 못 해서 많이 섭섭하겠구나.

마침 여기 그들이 보낸 편지가 있으니 한번 읽어 보렴.

# 미래의 'CEO'들에게

**열정의 불씨를 만드세요**

젊은 시절 열정을 불태우며 일할 때가 가장 행복했답니다. 지금 여러분이 열정을 쏟는 일은 무엇인가요? 물론 지금 좋아하는 일을 어른이 되어서까지 계속 좋아할 거라는 보장은 없어요. 하지만 어떤 일이든 흥미를 가지고 깊이 몰두했을 때의 즐거움, 재미, 그 일을 통해 사람들과 맺었던 관계는 계속 남아 있을 거예요. 그 기억과 경험이 바로 열정의 불씨입니다. 좋아하는 일을 찾으면 그 불씨가 다시 타오를 거예요. 여러분은 부디 열정의 불씨를 많이 만들어 놓길 바랍니다. 메리 크리스마스!

말리 스크루지 투자회사
대표 스크루지가

**누구나 꿈꿀 수 있는 사회를 위해**

여러분이 사는 미래는 어떤가요? 세상은 어떻게 달라져 있을까요? 우리가 사는 시대도, 여러분이 사는 시대도 중요한 것은 사람들의 행복일 겁니다. 배웠거나 못 배웠거나, 건강하거나 아프거나, 부유하거나 가난하거나 저마다의 꿈을 꾸고 행복을 누릴 수 있어야 하지요. 그런 사회가 언젠가는 올 거라고 꿈꾸어 봅니다. 우리들 한 명 한 명이 그 시대를 앞당길 주인공이에요. 기억해요. 여러분이 바로 그 주인공이라는 것을.

프레드 협동조합
이사장 프레드 드림

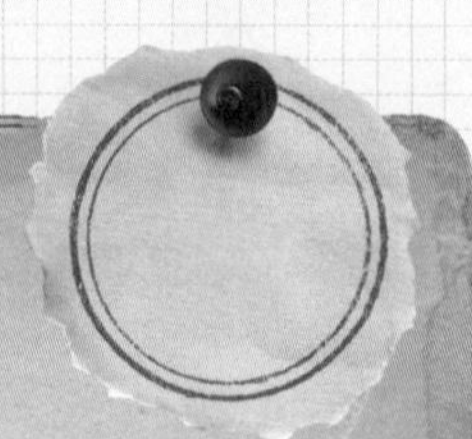

## 미래를 두려워하지 마세요

주변 사람들의 반대나 돈 걱정 때문에 하고 싶은 일을 미뤄 두지 않았으면 좋겠습니다. 미래를 두려워하지 마세요. 돈을 좇거나 안정된 길을 간다고 성공하는 것은 아닙니다. 세상을 더 나은 곳으로 만드는 일에 관심을 가지길 바랍니다. 타인에게 관심을 갖는 사람, 타인의 성공이 자신의 성공으로 이어진다는 사실을 믿는 사람, 목적의식이 있고 세상을 변화시키고자 하는 사람이 진정한 리더이고 미래의 'CEO'입니다.

꿈을 품었다면 작은 일이라도 시작하라, 새로운 일을 시작하는 용기 속에 당신의 천재성과 능력과 기적이 모두 들어 있다. -괴테-

말리 스크루지 투자회사
명예 CEO 말리 유령

## 기업가 기질 테스트

☒ 오랫동안 즐겨 온 취미(레고, 게임, 그림, 음악, 영화, 책 읽기)가 있다.

☒ 좋아하는 일은 몇 날 며칠 동안 밤을 지새우며 할 자신이 있다.

☒ 목표 달성을 위해 꾸준히 노력한다.

☒ 문제가 발생하면 피하지 않고 해결 방법을 찾는다.

☒ 도전할 만한 가치가 있는 일이라면 실패를 하더라도 시도해 본다.

☒ 실패하면 실망하지만 실패의 원인을 찾아 다시 도전한다.

☒ 무엇인가를 판매하거나 장사를 해 보고 싶다.

몇 개를 체크했나요? 체크한 개수가 많을수록 기업가가 될 확률이 높아요.
한 개도 체크하지 못했다고요? 실망하지 마세요.
어릴 때부터 기질과 능력을 인정받은 기업가는 흔하지 않아요.

### 창업 아이디어와 경제를 더 많이 알고 싶다면 이곳으로

- 기획재정부 어린이 경제 교실
- 매경 어린이 경제 교실
- 한국어린이금융대학
- 한국은행 경제 교육
- 금융감독원 금융 교육 센터
- 한국 거래소 금융 교육 KRX 아카데미

## 12
## 드론을 날리다

송이는 친구한테 돈을 빌렸다는 사실을 엄마한테 털어놓았다. 엄마는 용돈을 미리 챙겨 주지 못했다며 미안해하셨다. 하지만 다른 사람의 돈을 빌릴 때는 갚을 수 있는지 충분히 생각하라는 당부도 잊지 않았다.

"이럴 줄 알았으면 진작 말하는 건데 그랬어. 어쨌든 지금이라도 돈을 갚을 수 있어서 다행이야."

송이는 아이들과 만나기로 한 동네 공원으로 향했다.

공원에서는 이루와 장오가 드론을 날리며 놀고 있었다.

"샀구나, 드론. 이루야, 빌려준 돈 늦게 갚아서 미안해."

송이가 만 원을 이루에게 내밀었다.

"천천히 줘도 되는데……."

이루는 괜히 멋쩍어하며 돈을 받았다. 왜 약속을 안 지키느냐고 화낼 때와는 전혀 달랐다. 송이의 사정을 알고 나니, 이해할 수 있게 되었다.

"맞다. 이루야 너, 지난주만 해도 송이가 돈을 갚아야 드론을 살 수 있다고 했잖아."

장오가 드론 조종기를 만지작거리며 물었다.

"그랬지."

"그럼, 이 드론은 어떻게 샀는데?"

"아빠한테 사업 제안을 좀 했지. 스크루지를 도와주면서 배운 게 있잖아."

이루가 어깨를 으쓱했다.

"사업 제안이라고?"

장오는 눈을 반짝이며 물었다.

"일종의 거래라고 할 수 있지."

"무슨 거래를 했는데?"

"그게 말이지……. 송이야, 드론 한번 조종해 볼래?"

이루는 장오가 들고 있는 조종기를 가져다 송이에게 건넸다. 잘못 만져서 고장이라도 내면 어쩌나 싶어서 송이는 괜찮다며 사양했다.

“걱정 마. 이게 말이지, 알고 나면 별로 어렵지 않아.”

이루는 송이에게 조종기 사용법을 하나하나 설명해 주었다.

장오는 다정한 이루와 송이를 보면서 입을 삐죽 내밀었다.

“현서는 왜 안 오는 거야.”

전화를 하려고 휴대전화를 꺼냈다. 그때 공원 입구에 현서가 나타났다. 장오는 입이 귀에 걸릴 만큼 웃으며 현서를 반겼다.

“이루, 드론 샀네.”

현서가 오자마자 드론에 관심을 보였다.

“아빠한테 투자 받았대. 이루야, 현서도 왔으니까 이제 말해 봐. 무슨 사업인데?”

아이들의 눈초리가 이루에게 쏠렸다.

“으응. 영화를 보면 드론으로 물건을 배달하는 게 나오잖아. 거기서 아이디어를 얻었지. 앞으로는 사람들이 드론 비행기를 타고 출근하는 시대가 올 것이다. 나는 드론 비행기 사업을 하고 싶다. 그때를 위해 미리미리 드론과 친해져야 한다. 이렇게 설득했어. 그리고 드론 항공사를 세우면 아빠를 회장님으로 모시겠다고 마무리했지.”

이루는 신나서 자신의 생각을 꺼내 놓았다.

“그 말을 너희 아빠가 믿으셨다는 거야?”

현서는 어이없다는 듯 웃으며 되물었다.

“처음엔 못 미더워하셨어. 그런데 ‘네가 미래를 생각하고 꿈을 설계하다니, 기특하구나. 좋다, 아빠가 네 꿈에 투자하마.’ 이러시면서 모자란 돈을 보태 주시는 거야. 나중에 회장님 시켜 주겠다는 약속 절대 잊지 말라고 하시면서. 하하하!”

이루가 호탕하게 웃었다.

“난 이루가 만든 드론 비행기 타고 출근해야겠다.”

"난 이루가 만든 비행기 타고 여행 가야겠다."

"난 이루가 만든 비행기 타고 현서 따라 가야겠다."

아이들은 이루의 계획에 한마디씩 너스레를 떨다가, 또다시 한바탕 웃었다.

이루는 자기의 미래 모습을 상상하며 드론을 높이 띄웠다.

"나 궁금한 게 하나 있는데. 송이, 너는 알고 있을 것 같아."

이루가 문득 생각났다는 듯 송이를 보았다.

"어느 순간 말리 유령의 머리가 갑자기 노란색으로 변한 거 알지? 근데 옐로우 선생님의 머리도 노란색이란 말이지."

"그런데?"

송이는 속으로 화들짝 놀랐지만 겉으로는 아무렇지도 않은 척 되물었다.

"내 생각엔 말이야, 말리 유령과 옐로우 선생님이 어떤 연관이 있는 것 같거든. 넌 어떻게 생각해?"

"그, 글쎄……."

송이는 뜨끔했다. 이루에게 털어놓을까 잠깐 고민했지만, 비밀로 하겠다고 한 말리 유령과의 약속이 생각났다.

'그래, 옐로우 큐의 비밀은 혼자 간직하지 뭐.'

송이는 아무것도 모른다는 듯 그저 빙그레 웃기만 했다.

## 찰스 디킨스의 『크리스마스 캐럴』, 경제 성장의 그늘에 가려진 이웃들의 이야기

이루와 친구들이 만난 스크루지는 영국의 작가, 찰스 디킨스가 1843년에 발표한 소설 『크리스마스 캐럴』의 주인공이야. 이 소설은 지독한 구두쇠인 스크루지가 크리스마스이브에 동업자였던 친구 말리 유령을 만나고, 뒤이어 나타난 크리스마스 유령의 안내로 자신의 과거, 현재, 미래로 시간 여행을 하는 이야기야. 불행했던 어린 시절을 돌아보고, 가난했지만 웃음을 잃지 않는 이웃들의 현재 삶을 만나며, 모두가 외면하고 손가락질하는 쓸쓸한 장례식을 보게 되면서 스크루지는 지나온 삶을 반성하고 자신과 이웃을 돌보는 사람으로 변하게 되지. 『크리스마스 캐럴』의 배경은 산업 혁명이 일어나서 세계 경제 대국으로 커 나가던 19세기 영국이야. 그러나 작가 찰스 디킨스는 경제 성장의 그늘에 가려진 사람들의 가난하고 힘든 삶을 소설에 생생하게 표현함으로써 당시 비인권적인 노동 현장과 아동 노동이 정당한 것인지 세상을 향해 물음표를 던졌단다.

우리 이야기는 『크리스마스 캐럴』의 1년 후에 벌어진 사건이야. 이루와 친구들은 차가운 눈보라를 뚫고 런던 한복판의 스크루지 사무실에 떨어졌어. 스크루지는 1년 전 크리스마스 유령에게 약속한 '이웃과 함께하는 행복한 사업 계획서' 숙제를 앞두고 잔뜩 예민해져 있었지. 가난한 이웃을 외면하지 않겠다고 큰소리쳤지만 오랜 세월 자신밖에 모르고 살았던 스크루지에게 그런 사업은 여간 어려운 일이 아니었던 거야. 세 친구는 송이를 구하기 위해 어쩔 수 없이 스크루지의 숙제를 돕기로 해. 하지만 어린 시절 돈 때문에 가족이 뿔뿔이 흩어지게 된 스크루지의 사정을 알게 되면서 서서히 마음을 열고 진심으로 그의 숙제를 돕게 되지.

찰스 디킨스의 묘비명에는 다음과 같이 씌어 있어.

"그는 가난하여 고통받고 박해받는 자들을 동정했다. 그의 죽음으로 인해 세상은 영국의 가장 훌륭한 작가 중 하나를 잃었다."

힘들고 가난한 어린 시절을 보내면서 자신도 모르게 변해 버린 스크루지의 사정이 이해되니? 벨린다 가족의 어려운 사정을 알고 돕기로 마음먹은 이루와 친구들의 모습에 공감했니? 공정하지 못한 세상을 비판적으로 바라볼 줄 아는 아이, 벨린다가 똑똑하다고 생각했니? 무조건 많이 벌고 경쟁에서 이기는 사업을 해야 한다고 생각했던 이루에게 감동을 준 프레드가 멋지다고 생각했니? 그렇다면 여러분은 『크리스마스 캐럴』의 작가 찰스 디킨스가 쓴 다른 작품들도 분명히 좋아하게 될 거야.

『크리스마스 캐럴』 세 번째 유령의 방문
그림 : 존리치, 1843

찰스 디킨스(1812~1870)

## 옐로우의 편지

크리스마스 유령이 스크루지에게 내 준 숙제를 돕느라 이루와 친구들이 바쁜 시간을 보냈군요. 세 친구와 스크루지가 티격태격할 때는 나도 무척 긴장했답니다. 잘 해낼 수 있을까? 걱정도 많이 했어요.

다행히 이루와 친구들은 또래의 벨린다를 만나서 그 가족의 어려운 생활을 보고 난 후 진심으로 도와야겠다는 마음이 생겨납니다. 가엽게 여기는 마음에 머물지 않고 그들에게 필요한 것이 무엇인지, 도울 방법이 있는지, 구체적인 방법까지 생각합니다. 결국 크리스마스 유령을 만족시키는 사업 계획서를 만들고, 친구 송이도 되찾게 되었지요? 참 대견합니다. 모두 함께 행복한 사업을 계획하는 숙제가 어렵긴 했지만, 힘들었던 만큼 보람도 컸을 겁니다. 기대 이상으로 잘해줘서 아주 흐뭇하답니다.

경제는 거창한 게 아니랍니다. 사람들이 불편해하는 점을 해결하고, 필요한 것을 찾아 나가는 것이 곧 경제예요. 나는 『옐로우 큐의 살아있는 경제 박물관』을 읽은 여러분들이 생각해 보길 기대합니다. 왜 어려운 친구나 이웃에게 관심을 가져야 하는지, 왜 서로 도우며 살아야 하는지에 대해 말이죠. 경제를 배우면서, 소외된 이웃을 생각하는 어린이 여러분의 사랑과 관심이 무럭무럭 자라난다면, 모두가 함께 잘 사는 세상을 만드는 것도 문제없을 거라고 이 옐로우 큐는 믿는답니다.

뭐라고요? 나, 옐로우가 말리 유령이었냐고요? 흠흠. 이제 그만, 또 다른 체험 친구들을 맞이하러 가야 될 것 같군요. 어린이 여러분, '옐로우 큐의 살아있는 박물관'의 문은 항상 열려 있답니다.

그럼, 다음에 또 만나요!

**이미지 출처**

* 이 책에 쓴 사진은 저작권자의 허가를 받아 게재한 것입니다.
* 저작권자를 찾지 못하여 게재 허가를 받지 못한 사진은 저작권자를 확인하는 대로 허가를 받고, 출판사 통상 기준에 따라 사용료를 지불하겠습니다.


옐로우 큐의 살아있는 박물관 시리즈

# 경제 박물관

1판 1쇄 인쇄 2025년 2월 10일
1판 1쇄 발행 2024년 2월 25일

글 | 양시명
그림 | 이경석
발행인 | 전연휘
기획·책임편집 | 전연휘
교정교열 | 아보카도
디자인 | 정보라
영업, 홍보 | 양경희, 노헤이

발행처 | 안녕로빈
출판등록 | 2018년 3월 20일 (제 2018-000022 호)
주소 | 서울특별시 광진구 아차산로69길 29
전화 | 02 458 7307
팩스 | 02 6442 7347
@hellorobin_books
hellorobin.co.kr
blog.naver.com/hellorobin_
robinbooks@naver.com





ISBN 979-11-91942-51-4
979-11-965652-7-5 (세트)